Theodor Boveri

Die Entwickelung von Ascaris Megalocephala

Mit besonderer Rücksicht auf die Kernverhältnisse

Theodor Boveri

Die Entwickelung von Ascaris Megalocephala
Mit besonderer Rücksicht auf die Kernverhältnisse

ISBN/EAN: 9783743657656

Hergestellt in Europa, USA, Kanada, Australien, Japan

Cover: Foto ©berggeist007 / pixelio.de

Weitere Bücher finden Sie auf **www.hansebooks.com**

Die Entwickelung von Ascaris megalocephala mit besonderer Rücksicht auf die Kernverhältnisse.

Von

Theodor Boveri
in Würzburg.

Mit 6 Tafeln und 6 Textfiguren.

Abdruck aus der
Festschrift zum siebenzigsten Geburtstag von CARL VON KUPFFER.

—◄┼►◉◄┼►   —

Jena,
Verlag von Gustav Fischer.
1899.

I. Einleitung.

Die Anfänge zu den nachstehend mitgeteilten Untersuchungen liegen um fast 12 Jahre zurück. Als ich damals die ersten Entwickelungsvorgänge im Ei des Pferdespulwurms studierte, fiel mir eine eigentümliche Differenzierung zwischen den Kernen der Furchungszellen auf, von der ich schon damals (3) wahrscheinlich machen konnte, daß sie mit der Entstehung des Gegensatzes zwischen den somatischen und den Propagationszellen des neuen Organismus zusammenhänge. Denn eine genaue Analyse der einzelnen Entwickelungsetappen bis zu einem Stadium von etwa 60 - 70 Zellen ergab, daß die Kernkonstitution des befruchteten Eies sich nur auf die eine Tochterzelle und von dieser wieder nur auf die eine u. s. w. forterbt, wogegen in der jeweiligen Schwester dieser „Stammzelle" das Chromatin zum Teil degeneriert, zum Teil umgeformt wird, so daß alle ihre Nachkommen reduzierte Kerne erhalten.

Später vermochte ich an besserem Material den Gegenstand weiter zu verfolgen, und eine Reihe neuer Fragen, die dabei auftauchten, ließen aus der ursprünglichen Zellen-Arbeit eine Untersuchung der gesamten Embryogenese des Spulwurms bis zur Anlage der wichtigsten Organsysteme werden.

Ueber diese Weiterentwickelung der Arbeit habe ich noch an verschiedenen Stellen kurz berichtet: zuerst im 3. Heft der „Zellen-Studien" (1890), wo ich mit Sicherheit die Angabe machen konnte (7, p. 79), daß diejenige Zellenreihe, welche den Kernzustand des befruchteten Eies bewahrt, zu den Urgeschlechtszellen hinführt, während alle übrigen Furchungszellen, die in ihrem Chromatinbestand geschmälert sind, somatische Zellen darstellen. Dann gab ich 1892 in dem Artikel „Befruchtung" (8) die ersten Abbildungen des Differenzierungsvorganges und legte kurz darauf (9) den genauen Verlauf des Prozesses unter Mitteilung meiner wesentlichen Ergebnisse über die Embryonalentwickelung des Pferdespulwurms dar.

Schon damals hatten meine Untersuchungen im wesentlichen den Zustand erreicht, in welchem ich sie jetzt veröffentliche. Fast sämtliche Figuren der hier beigegebenen Tafeln haben in der Sitzung vom 15. November 1892 der Gesellschaft für Morphologie und Physiologie in München und in der Sitzung vom 26. Mai 1894 der Physikalisch-medizinischen Gesellschaft in Würzburg vorgelegen. Von den Tafeln I und II waren schon im Sommer 1893 die Probedrucke in meinen Händen. Wenn ich mit der Herausgabe so lange zögerte, so lag der Hauptgrund darin, daß ich hoffte, über die wichtige Frage, von wo der Anstoß

1

zu dem Differenzierungsprozeß ausgeht, Aufschlüsse liefern zu können.. Die ersten Experimente, die ich zu diesem Zwecke anstellte, ließen erwarten, daß die Frage zu lösen sei; allein wenn ich auch jetzt noch davon überzeugt bin, daß es möglich ist, die Eier zu einer gewissen abnormen Entwickelung anzuregen, welche die Entscheidung geben müßte, so ist es mir doch bis jetzt nicht gelungen, diese entscheidenden Stadien zu züchten, so daß ich die Lücke, die hier besteht, einstweilen unausgefüllt lassen muß.

Inzwischen ist nun die Litteratur über die Entwickelung der Nematoden im allgemeinen wie auch speciell über die bei *Ascaris* nachweisbare Kerndifferenzierung sehr erheblich bereichert worden. Zunächst schilderte HERLA (15) für die von ihm untersuchten ersten Furchungsstadien von *Ascaris megalocephala* den Differenzierungsprozeß des Chromatins ganz in der von mir beschriebenen Weise[1]), nachdem schon früher DOSTOIEWSKY (11) und C. C. SCHNEIDER (18) die Richtigkeit meiner Angaben kurz bestätigt hatten. — Sodann hat O. MEYER in einer unter meiner Leitung ausgeführten Arbeit (16) genau die gleichen Vorgänge bei drei anderen Ascariden (*A. lumbricoides, rubicunda* und *labiata*) aufgefunden. — H. SPEMANN (19) vermochte in einer gleichfalls aus dem hiesigen zoologischen Institut stammenden Arbeit die von mir bei *Ascaris* festgestellte Zellen-Genealogie für *Strongylus paradoxus* fast bis ins Kleinste nachzuweisen, wie sich nun nachträglich aus meiner Arbeit ergeben wird. — Sehr ähnliche Ergebnisse enthält ferner eine Arbeit von H. E. ZIEGLER (23) über die Entwickelung von *Rhabditis nigrovenosa*. — Endlich aber sind gleichzeitig im Jahre 1896 über die Entwickelung von *Ascaris megalocephala* selbst zwei ausführliche Arbeiten erschienen, die eine von ZOJA (25), die andere von ZUR STRASSEN (21), von denen die letztere eine geradezu mustergiltige Darstellung der ontogenetischen Vorgänge enthält und in einer gewissen Richtung — der Analyse der Genealogie der Ektoblastzellen — über das Ziel, das ich mir gesteckt hatte, weit hinausgeht.

Unter diesen Umständen mußte ich mich fragen, ob es gerechtfertigt sei, nun nachträglich noch mit meiner ausführlichen Arbeit hervorzutreten. Wenn ich mich dazu entschlossen habe, so bestimmten mich hauptsächlich folgende Erwägungen. Erstens lag von Anfang an das Hauptgewicht meiner Arbeit auf den Schicksalen des Chromatins, welche Verhältnisse bei ZOJA und ZUR STRASSEN keine eingehende Betrachtung gefunden haben. Zwar hat HERLA schon im Jahre 1894 die Kerndifferenzierung eingehend beschrieben und durch Abbildungen illustriert, so daß ich eine Anzahl Bilder, die ursprünglich dieser Arbeit beigegeben werden sollten, streichen konnte; allein gerade die interessantesten Modifikationen des Differenzierungsprocesses hat HERLA nicht beobachtet, und so dürften die Bilder auf meiner Taf. I und die meisten auf Tafel VI noch heute eine nicht unerhebliche Lücke auszufüllen imstande sein. Sodann sind in meiner Arbeit in den Abbildungen der Tafel V Stadien behandelt, bis zu denen ZUR STRASSEN und ZOJA überhaupt nicht vorgedrungen sind, speciell die Entstehung des Oesophagus und die Verlagerung der Urgeschlechtszellen ins Innere. Endlich aber, wenn nun auch meine übrigen Beobachtungen, soweit sie reichen, speciell das auf meinen Tafeln II und III Dargestellte, nunmehr nur als eine Bestätigung der Angaben von ZUR STRASSEN erscheinen, so dürfte doch einerseits die ganz unabhängige Arbeit von zwei Autoren überhaupt zur Festigung unserer Ueberzeugung von der außerordentlichen Gesetzmäßigkeit dieser Entwickelung beitragen, während sich andererseits durch die nicht ganz gleiche Auswahl der abgebildeten Stadien und durch die verschiedenen Ansichten, die gegeben worden sind, die beiderseitigen Darstellungen in verschiedener Richtung gegenseitig ergänzen. Schließlich glaube ich, daß

[1]) Gegenüber einer Bemerkung von HERLA (15, p. 485, 486), daß vor ihm noch keine exakten Abbildungen des Vorganges veröffentlicht worden seien, muß ich betonen, daß meine l. c. gegebenen Figuren hinsichtlich des Chromatins, auf das es ja allein ankommt, ganz naturgetreu sind. Die Bilder sind nur insofern schematisch, als die gegenseitige Stellung der Teilungsfiguren in den einzelnen Zellen ohne Rücksicht auf das wirkliche Verhalten so angenommen wurde, daß der Vorgang an möglichst wenigen Figuren anschaulich gemacht werden konnte.

meine Abbildungen, mögen sie auch in mancher Hinsicht von den Figuren zur Strassen's übertroffen
werden, doch auch ihrerseits manche Vorzüge besitzen und so neben jenen zur Illustration der Ontogenese
von *Ascaris* noch einiges beitragen können.

Dürfte damit diese verspätete Veröffentlichung ihre Rechtfertigung finden, so glaubte ich doch davon
abstehen zu sollen, die Arbeit in ihrer ursprünglichen Anlage durchzuführen. Den bereits vor langer Zeit
fertig niedergeschriebenen ersten Teil bis zur Analyse der Fig. 17 gebe ich in dieser alten Fassung und
berücksichtige die seither erschienene Litteratur, soweit nötig, in nachträglichen Anmerkungen. Daß dieser
Teil oft fast wörtlich mit der Beschreibung von zur Strassen übereinstimmt, wird nicht wunder nehmen,
wenn man die ganz identischen Resultate, wie sie sich in den beiderseitigen Abbildungen ausprägen, berück-
sichtigt. Doch sind auch einige Differenzen zur Sprache zu bringen. Für den Teil dagegen, der noch
nicht geschrieben war, habe ich mich nun auf eine ganz kurze Erläuterung der Figuren und darauf
beschränkt, meine Resultate mit denen der anderen Autoren in Beziehung zu setzen, um erst bei der Analyse
der bisher nicht beschriebenen späteren Stadien und bei der Darstellung der Chromatindifferenzierung wieder
ausführlicher zu verweilen.

Wenn ich im Vorstehenden die Unabhängigkeit dieser Arbeit von den Veröffentlichungen der oben
genannten Autoren betonen zu dürfen glaubte, so muß ich nun noch bemerken, daß die folgende Darstellung
in einem Punkt gegenüber meinen früheren Angaben (9) eine Korrektur enthält, die durch die Abhandlung
von zur Strassen bedingt ist. Es handelt sich um den Ursprung des Mesoblastes. Ich hatte angegeben,
daß die Schwesterzelle der Urentoblastzelle ausschließlich Mesoblast liefere, wogegen zur Strassen gefunden
hat, daß sich aus ihr neben dem Mesoblast auch noch gewisse ektoblastische Zellen ableiten, nämlich diejenigen, welche später das Stomatodäum bilden. Obgleich Zoja in diesem Punkt auf meiner Seite steht, desgleichen Spemann für *Strongylus* meine Angaben bestätigen zu können glaubte und auch Ziegler sich
für *Rhabditis nigrovenosa* dieser Deutung anschließt, muß ich nun doch zur Strassen Recht geben. Mein
Irrtum war dadurch bedingt, daß ich zuerst oberflächlich, dann in der Tiefe jederseits vom Entoblast eine
Reihe von 4 Zellen fand, die ich identifizierte, wobei die ungünstige Wahl eines Stadiums die Täuschung
unterstützte. Eine erneute Durchsicht meiner Präparate bestätigte die Richtigkeit der Darstellung
zur Strassen's vollkommen. Es war nichts anderes nötig, als meine ursprüngliche Fig. 26 durch eine neue
zu ersetzen und in den übrigen Figuren die Bezeichnung und den Farbenton entsprechend zu verändern,
um meine Resultate nunmehr mit denen von zur Strassen in Uebereinstimmung zu bringen.

II. Methode der Untersuchung.

Die Eier von *Ascaris megalocephala* werden, wie die von *Ascaris lumbricoides*, in einem Zustand von
Muttertier entleert, wo Ei- und Spermakern im Bläschenzustand nebeneinander stehen[1]. Die ganze Embryonalentwickelung vollzieht sich also außerhalb des Wirtes, und es ist notwendig, um die einzelnen Stadien zu
erhalten, die Eier kürzere oder längere Zeit zu züchten. Dies läßt sich unter sehr verschiedenen Bedingungen
ausführen, wofern man nur dafür sorgt, daß Sauerstoff hinzutreten kann[2]. Mein Verfahren war gewöhnlich
dieses, daß ich die Endabschnitte der Eiröhren in einer Länge von etwa 6 cm auf Glasplatten ausgestreckt
in eine feuchte Kammer brachte[3]. In Abhängigkeit von der Temperatur, aber auch von der Lage eines

1) Ueber eine ein einziges Mal von mir beobachtete Ausnahme von dieser Regel habe ich in den „Zellenstudien", Heft 2,
p. 13 berichtet.
2) Vergl. hierüber die Experimente von Hallez (14).
3) Hallez giebt an, daß sich die Eier auch in völliger Trockenheit entwickeln können. Ich habe bei Versuchen dieser
Art stets gefunden, daß die Embryonen nach kurzer Zeit zu Grunde gegangen waren.

Eies an der Oberfläche oder mehr in der Achse der Eiröhre dauert es verschieden lange Zeit, bis man in der Schale ein eingerolltes Würmchen vorfindet, das langsame Bewegungen ausführt. Um ein und dasselbe Ei während der ganzen Entwickelung zu beobachten, streicht man die Eier in einfacher Schicht auf ein Deckglas, das als Deckel auf eine feuchte Kammer aufgelegt wird.

Zuchten dieser Art benutzte ich lediglich dazu, um die Embryonen im Leben zu studieren; um die einzelnen Entwickelungsstadien konserviert zu erhalten, empfiehlt sich ein anderes Verfahren. Die *Ascaris*-Eier haben bekanntlich die für viele Untersuchungszwecke höchst unangenehme Eigenschaft, daß ihre Schalen (Perivitellinhüllen) dem Eindringen der Konservierungsflüssigkeiten einen außerordentlich starken Widerstand entgegensetzen. Die Eier können sich in der Konservierungsflüssigkeit unter Umständen wochenlang weiter entwickeln, ja es giebt kein besseres Mittel, die Eier zu einer besonders raschen und gleichmäßigen Entwickelung anzuregen, als sie in Alkohol oder PERENNYI'sche Flüssigkeit einzulegen. Dabei ist der Widerstand der einzelnen Eier eines und desselben Weibchens gegen das schließliche Eindringen des Konservierungsmittels in der Regel höchst verschieden. Während einzelne Eier sehr rasch erliegen, machen andere vielleicht die ganze Embryonalentwickelung durch, und man kann auf diese Weise in dem Material einer einzigen in toto z. B. in Alkohol eingelegten Eiröhre alle Entwickelungsstadien bunt durcheinander gemengt erhalten.

So einfach dieses Verfahren ist, so leidet es doch in zweifacher Hinsicht an dem nach meinen bisherigen Erfahrungen kaum zu beseitigenden Mangel größter Unsicherheit. Einmal wirken die Konservierungsflüssigkeiten durch die Schale hindurch nicht so wie bei direkter Berührung mit einer nackten Zelle; sie wirken überdies auf verschiedene Eier höchst ungleich. Der Erhaltungszustand der einzelnen Eier schon des gleichen Muttertieres, noch mehr aber von verschiedenen Individuen, ist bei Anwendung des gleichen Härtungsmittels in hohem Maße verschieden. Neben Konservierungen, die zum Besten gehören, was ich von Zellpräparaten gesehen habe, erhält man bei Anwendung des gleichen Reagens, unter Umständen völlig unbrauchbare Präparate.

Dazu kommt als zweiter Uebelstand. daß man nicht im voraus wissen kann, wie lange die Eihüllen dem Eindringen der Flüssigkeit Widerstand leisten. In einem Fall entwickeln sich alle Eier ungestört weiter, und man erhält nur fertig ausgebildete Embryonen, in einem anderen sterben die Eier sämtlich auf dem zwei- oder vierzelligen Stadium ab.

Ich kann daher nichts anderes empfehlen, als sich auf den Zufall zu verlassen, sich möglichst viele Würmer von möglichst vielen verschiedenen Pferden zu verschaffen und die Eiröhren in verschiedene Härtungsflüssigkeiten einzulegen. Als solche haben mir die besten Dienste gethan: Pikrinessigsäure (konz. wässerige Pikrinsäurelösung wird mit 2 Teilen Wasser verdünnt und dieser Lösung 1 Proz. Eisessig zugesetzt), Alkohol-Essigsäure (ich verwendete 70-proz. Alkohol mit 5 Proz. oder 10 Proz. Eisessig ohne nennenswerte Unterschiede) und endlich 70-proz. Alkohol.

Das Material, nach dem fast sämtliche Zeichnungen der vorliegenden Arbeit hergestellt sind, stammt von einem Wurm, der, ohne aufgeschnitten zu sein, mit einer großen Anzahl anderer in 70-proz. Spiritus eingelegt worden war, um gelegentlich für den zoologischen Kursus verwendet zu werden. Als ich in Ermangelung anderen guten Materials diese Würmer ohne besondere Hoffnung prüfte, fand ich, und zwar bloß bei diesem einen Exemplar, sämtliche Stadien in großer Zahl und in einem Erhaltungszustand vor, von dessen Güte die Tafeln Zeugnis geben werden.

Als gänzlich ungeeignet haben sich mir Sublimat, Chromsäure, PERENNYI'sche und FLEMMING'sche Flüssigkeit erwiesen.

Zur Darstellung des Chromatins diente vor allem alkoholisches Boraxkarmin. Die ganzen Eiröhren wurden 24—48 Stunden in der Farbflüssigkeit gelassen und dann in salzsaurem Alkohol entfärbt. Noch schönere und klarere Bilder des Chromatins kann man mit Hämatoxylin erzielen. Ich benutzte BÖHMER'sches, GRENACHER'sches und DELAFIELD'sches Hämatoxylin, entweder in starker Verdünnung oder auch mit nachfolgender Differenzierung vermittelst salzsauren Glycerins. Specielle Vorschriften lassen sich bei dem auch in dieser Hinsicht sehr wechselnden Verhalten der Eier nicht geben.

Erweist sich die resistente Eischale bei der Konservierung der Embryonen als sehr hinderlich, so bietet sie doch auf der anderen Seite auch einen großen Vorteil dar dadurch, daß sie es ermöglicht, ohne besondere Vorsichtsmaßregeln das ganze Ei zwischen Objektträger und Deckglas nach jeder Richtung und beliebig oft hin und her zu drehen, ohne daß der Embryo dabei leidet. Man erreicht auf diese Weise eine Sicherheit in der Analyse, die durch nichts anderes zu ersetzen ist.

Die ganze Untersuchung baut sich in der Hauptsache auf das Studium konservierten Materials auf. Denn mein Hauptziel: die Verfolgung der Schicksale des Chromatins, konnte nur auf diesem Wege erreicht werden. Auch ist es bei *Ascaris* sicherlich viel leichter, an konservierten Objekten die einzelnen Stadien aufeinander zu beziehen und so die Zellen-Genealogie richtig festzustellen, als im Leben. Denn in jedem abgetöteten und gefärbten Embryo bieten die beiden großkernigen Zellen einen genauen Anhaltspunkt für die Orientierung. Die Irrtümer, in welche HALLEZ (14) verfallen ist, möchte ich zum größten Teil darauf schieben, daß er nur lebende Objekte untersucht hat.

Daß die von mir abgebildeten Embryonen auch in ihrer Form das Aussehen des Lebens bewahrt haben, davon habe ich mich durch Vergleichung mit den entsprechenden lebenden Stadien überzeugt.

III. Ueber die Terminologie und die Methode der Figurenbezeichnung.

Ehe ich daran gehe, die einzelnen Entwickelungsstadien zu beschreiben, dürfte eine kurze Uebersicht über die wichtigsten Erscheinungen der Entwickelung und über die Art, wie dieselben in den Abbildungen ausgedrückt sind, am Platze sein. Für alle diejenigen Leser, denen nicht an einer speciellen Kenntnis der Nematoden-Entwickelung, sondern nur daran gelegen ist, den Beweis für die Differenzierung der Embryonalzellen in somatische und Propagationszellen geführt zu sehen, wird es genügen, an der Hand dieses orientierenden Kapitels lediglich die Tafeln durchzusehen.

Die Differenzierung prägt sich, wie oben erwähnt, darin aus, daß von Beginn der Furchung an in jeder Zelle, deren Abkömmlinge zu somatischen Zellen werden sollen, eine gewisse Umgestaltung und eine sehr beträchtliche Verminderung des Chromatins eintritt, die ich früher als Reduktion bezeichnet habe. Da der Ausdruck Chromatinreduktion jedoch schon für eine bestimmte andere Erscheinung, nämlich für die Verminderung der Chromosomenzahl auf die Hälfte, die in den Endstadien der Ovo- und Spermatogenese eintritt, vergeben ist, gebrauche ich fortan den von HERLA vorgeschlagenen Terminus „Diminution".

Ich halte es für zweckmäßig, zunächst einige Abschnitte aus meiner letzten Mitteilung über unseren Gegenstand (9) mit gewissen Abänderungen hierherzusetzen.

Die Differenzierung beginnt typischer Weise bereits auf dem zweizelligen Stadium, zu einer Zeit, wo beide Furchungszellen im Begriff sind, sich abermals zu teilen, wo also aus jedem Kern 2 (*Asc. mrg. univalens*) bandförmige, an den Enden verdickte Chromosomen hervorgegangen und in die karyokinetische Figur eingetreten sind. Während diese Chromosomen in der einen der beiden Zellen, und zwar in der an

— 6 —

Größe etwas zurückstehenden, ganz den Charakter der 2 Chromosomen des sich teilenden Eies bewahren und sich in regulärer Weise in je 2 Tochterelemente spalten (Fig. 1—4, P_1), erleiden sie in der anderen eine wesentliche Veränderung. Es werden 1) von jedem Chromosoma die verdickten Enden und damit die Hauptmasse des gesamten Chromatins abgestoßen, um als dem Untergang bestimmte Teile an der weiteren Entwickelung nicht mehr teilzunehmen, und es zerfällt 2) der übrig gebliebene mittlere Teil des Bandes in eine große Anzahl winzig kleiner, kurzer Stäbchen (Fig. 2 a und b). Nur diese Stäbchen erleiden eine (quere) Spaltung, und ihre Hälften werden in exakter Weise auf die beiden Tochterzellen verteilt, um dort die neuen Kerne zu bilden (Fig. 3—7, A, B); die abgestoßenen Endabschnitte bleiben im Aequator liegen, gelangen je nach Zufall in eine der beiden Tochterzellen und werden in diesen allmählich resorbiert (Fig. 3—7, A, B).

Das vierzellige Stadium (Fig. 8) zeigt demnach in 2 Furchungskugeln chromatinreiche Kerne mit den schon früher von mir und Van Beneden und Neyt (1) beschriebenen charakteristischen Kernfortsätzen, welche den 4 verdickten Chromosomen-Enden ihre Entstehung verdanken; in den 2 anderen Furchungskugeln finden sich ellipsoide, äußerst chromatinarme Kerne. Wenn nun die 4 Zellen die nächste Teilung erleiden, verhalten sich die beiden kleinkernigen Zellen ganz gleichartig (Fig. 9, A, B). Sie liefern unter

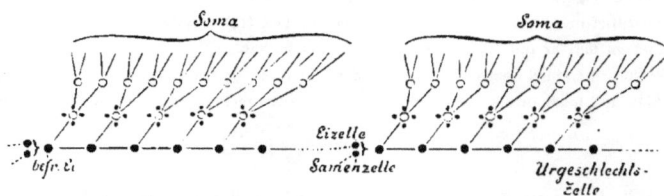
Fig. 1.

Vermittlung einer Teilungsfigur, deren Aequatorialplatte wieder aus den gleichen zahlreichen stäbchenförmigen Chromosomen aufgebaut ist, kleinkernige Tochterzellen, und auch alle weiteren Abkömmlinge bewahren diesen Charakter. Zwischen den beiden großkernigen Zellen (P_2 und EMSt) dagegen tritt wieder die gleiche Differenz auf, wie vorhin zwischen den beiden primären Furchungskugeln, d. h. nur die eine von beiden (Fig. 9 und 10, P_2) bewahrt die typischen 2 Chromosomen und überträgt dieselben auf ihre beiden Tochterzellen, in der anderen (Fig. 9—11, EMSt) werden, wie vorhin beschrieben, die verdickten Enden der Chromosomen abgestoßen, während die mittleren Abschnitte in kleine Stäbchen zerfallen, die allein an der weiteren Entwickelung teilnehmen. Aus dieser Zelle entstehen also 2 Tochterzellen mit chromatinarmen Kernen (Fig. 12, 13, E, MSt), die sich hier und in allen weiteren Abkömmlingen ganz so verhalten, wie in den 4 anderen kleinkernigen Zellen, bezw. in deren Nachkommen.

Ganz der gleiche Vorgang wiederholt sich dann beim Uebergang des achtzelligen zum sechzehnzelligen Stadium an der einen großkernigen Zelle (Fig. 14, C, Fig. 15, c, γ) und dann in völlig entsprechender Weise noch zweimal, im ganzen also fünfmal, wie dies in dem Furchungsschema der Figur I dargestellt ist. In diesem Zellen-Stammbaum bedeutet der schwarze Kreis eine Zelle mit ursprünglichem, aus 2 Chromosomen aufgebautem Kern, der weiße Kreis eine Zelle mit specialisiertem Kern, der von 4 schwarzen Punkten umgebene weiße Kreis eine Zelle, in der die Chromatindiminution zustande kommt. Hier tritt es nun sehr deutlich hervor, wie sich die ursprüngliche Kernkonstitution des befruchteten Eies nur auf die eine Tochterzelle und von dieser wieder nur auf die eine u. s. w. forterbt, wogegen in der jeweils anderen

Tochterzelle das Chromatin zum Teil degeneriert, zum Teil umgeformt wird, so daß alle von diesen Seitenzweigen ausgehenden Abkömmlinge kleine chromatinarme Kerne erhalten. Zuletzt bleibt eine Zelle mit ursprünglichem Kern übrig; das ist die Urgeschlechtszelle. Aus ihr leiten sich durch eine lange Reihe von stets gleichartigen Teilungen die Eier oder Spermatozoën des neuen Organismus ab[1]. Bei allen diesen Teilungen bis zur vorletzten Zellgeneration, also bis zu den Ovo- bezw. Spermatocyten, finden wir die charakteristischen 2 Chromosomen, und erst in den genannten Zellen sinken dieselben in noch nicht völlig aufgeklärter Weise auf 1 herab, welche Zahl dann auf die Eier und Spermatozoën übergeht, um durch die Befruchtung wieder auf 2 ergänzt zu werden. -- Die Gesamtheit der kleinkernigen Zellen in unserem Schema, bezw. die Nachkommen dieser Zellen, repräsentieren das Soma des neuen Organismus.

Somit geht also durch alle aufeinander folgenden Generationen unseres Wurmes von den Geschlechtszellen der einen zu denen der nächsten eine in der gleichartigen Beschaffenheit des Chromatins begründete Kontinuität; und von dieser direkten Linie spalten sich bei Beginn einer jeden Embryonalentwickelung 5 Seitenzweige ab, welche, mit specialisiertem Chromatin ausgestattet, den Körper des betreffenden Individuums, mit Ausschluß der Sexualzellen, zusammensetzen.

Ich bezeichne diejenigen Zellen, welche in einfacher Reihe vom befruchteten Ei zur Urgeschlechtszelle hinführen, als **Stammzellen**, die 5 Zellen dagegen, welche von dieser Stammlinie abzweigen und zur Entstehung des Soma führen, als **somatische Zellen** oder **Ursomazellen**.

Für die Bezeichnung der Abbildungen gilt im allgemeinen folgendes:

1) Alle Figuren bis Fig. 29 inkl. sind in Rücksicht auf die auseinandergesetzte Zellen-Differenzierung mit farbigen Tönen ausgestattet, in der Weise, daß jede Ursomazelle und alle von ihr stammenden Zellen entsprechende Farben tragen. So ist die erste Ursomazelle nebst ihren Abkömmlingen in allen Figuren durch Gelb, die zweite und ihre Derivate durch Blau, die dritte durch Englischrot, die vierte durch Braun, die fünfte durch Karminrot ausgezeichnet. Die jeweilige Stammzelle trägt keine Farbe. Zu bemerken ist noch, daß die Abkömmlinge der zweiten Ursomazelle (blau), welche Zelle die gemeinsame Anlage des Entoblastes, des Mesoblastes und gewisser ektoblastischer Elemente (Stomatodäum) darstellt, auf späteren Stadien, wenn die Trennung in diese einzelnen Anlagen vollzogen ist, durch verschiedene Nuancen von Blau unterschieden sind: die Entoblastzellen sind überall hellblau, die gemeinsamen Urzellen des Mesoblast und des Stomatodäum dunkelblau, die reinen Mesoblastzellen rotblau, die reinen Stomatoblasten grünblau gehalten.

2) Die jeweilige Stammzelle ist mit P bezeichnet, und zwar die erste — eine Tochterzelle des befruchteten Eies — mit P_1 (Fig. 1—4, Taf. I), die nächste mit P_2 (Fig. 5—10, Taf. I) u. s. w. Die zugehörige, zunächst in Bezug auf das Chromatin identische Schwesterzelle (somatische Urzelle), in welcher später (bei ihrer Teilung) die Chromatindiminution eintritt, führt bei ihrer Entstehung die Bezeichnung S und jeweils den gleichen Index wie die aus der gleichen Teilung hervorgegangene Stammzelle (Fig. 1—3, S_1, Fig. 5, 6, S_2).

3) Um die Bezeichnung der Abkömmlinge der einzelnen Ursomazellen nicht zu sehr zu komplizieren, trägt jede noch eine weitere zunächst in Klammer beigesetzte Bezeichnung, nämlich:

$$S_1 = AB, \ S_2 = EMSt, \ S_3 = C, \ S_4 = D, \ S_5 = F.$$

[1] Bezüglich der Giltigkeit dieses Satzes bitte ich das Kapitel V zu vergleichen.

S_1 und S_2 sind aus dem Grund mit kombinierten Buchstaben versehen, weil sie beide durch l o n g i t u d i n a l e Teilung 2 hintereinander gelegene, der Medianebene angehörige Tochterzellen liefern, die dann als *A* und *B*, *E* und *MSt* (letztere Buchstaben mit Beziehung auf die Funktion dieser Zellen, der einen als Urzelle des Entoblastes, der anderen als Urzelle des Mesoblastes und Stomatodäums), bezeichnet werden. Die 3 übrigen Ursomazellen *C*, *D*, *F* teilen sich t r a n s v e r s a l.

4) Weitere Buchstaben als die genannten werden nicht eingeführt; vielmehr sind fortan alle Derivate durch Indices, bezw. durch die entsprechenden kleinen Buchstaben kenntlich gemacht, Hierfür gelten folgende Grundsätze. Alle mit g r o ß e n B u c h s t a b e n bezeichneten Zellen (die successiven Zellen *P*, dann *A, B, E, MSt, C, D, F*) sind unpaar und gehören der Medianebene des Embryo an. Alle p a a r i g e n Zellen tragen kleine Buchstaben und zwar die der rechten Körperhälfte l a t e i n i s c h e, die der linken g r i e c h i s c h e [1]).

Wenn eine der Medianebene angehörige Zelle — bis zum Stadium von 4 Zellen giebt es nur solche — sich in l o n g i t u d i n a l e r Richtung teilt, so daß ihre Tochterzellen in der Medianebene verbleiben, so bewahren die letzteren die g r o ß e n Buchstaben und werden von einander und von ihrer Mutterzelle durch römische Indices unterschieden; z. B. *E* zerfällt in *EI* und *EII* (vergl. Fig. 15 und 16, Taf. II). Teilt sich die Zelle dagegen t r a n s v e r s a l, so treten die entsprechenden kleinen lateinischen und griechischen Buchstaben ein; z. B. *MSt* zerfällt in *mst* und *μστ* (vergl. Fig. 14—16, Taf. II).

5) Alle weiteren Abstammungsverhältnisse endlich werden durch weitere Indices ausgedrückt: z. B. *a* teilt sich in *aI* und *aII*, *aI* in *aI₁* und *aI₂*, *aI₁* in *aI₁'* und *aI₁''*. Für noch weitere Abstufungen war kein Bedürfnis.

IV. Schilderung der Entwickelung vom Ei bis zum Auftreten der wichtigsten Organsysteme.

Bei der Entwickelung der meisten tierischen Eier läßt sich eine Einteilung der frühesten Entwickelungsvorgänge in „S t a d i e n" vornehmen, welche durch die zweite, dritte, vierte und fünfte etc. F u r c h e bezeichnet oder gegeneinander abgegrenzt werden. Die Möglichkeit dieser Einteilung beruht darauf, daß die erste Teilung des Eies 2 nach Form und Struktur symmetrisch aneinandergefügte Zellen liefert, die, wie ihre Nachkommen, sich gleichzeitig und symmetrisch weiter teilen, wobei sich in der Regel das Prinzip der rechtwinkeligen Schneidung der aufeinander folgenden Teilungsebenen verwirklicht findet. So kommt es, daß die Ebenen, durch welche die jeweils symmetrisch gelegenen Blastomeren zerlegt werden, in eine purch das ganze Ei gelegte Ebene fallen, und daß der Vorgang so aussieht, als werde das Ei als Ganzes successive nach verschiedenen, im allgemeinen senkrecht zu einander gestellten Ebenen — F u r c h e n des embryologischen Sprachgebrauches — durchschnitten, während es thatsächlich nur die synchrone, symmetrische Teilung der einzelnen Zellenindividuen ist, welche diese Erscheinung hervorruft.

Bei *Ascaris* und, wie es scheint, bei allen Nematoden, wo schon die erste Teilung des Eies 2 nach Größe und Qualität ungleiche Tochterzellen liefert, fehlt damit zugleich jene geometrische Regelmäßigkeit der Furchung vollständig. Schon ein flüchtiger Blick auf Taf. I genügt, um zu erkennen, daß man bei unserem Objekt nicht einmal von einer „z w e i t e n F u r c h e" sprechen kann, und also eine Einteilung nach diesem anderwärts anwendbaren Prinzip hier ausgeschlossen ist.

---

1) Durch spätere Verlagerungen können ursprünglich paarige, also laterale Zellen in die Medianlinie zu liegen kommen. Dies gilt vor allem für gewisse Abkömmlinge der Zelle *AB* (gelb). Um in den Figuren sofort deutlich zu machen, welche von diesen Zellen ursprünglich der rechten, welche der linken Hälfte des Embryo angehören, ist, soweit ich die Genealogie verfolgt habe, der gelbe Ton der ersteren gleichmäßig, der der letzteren in Schraffierung gehalten (vergl. Tafel II und III).

Aber auch die Einteilung in Stadien nach der ·Zellenzahl ;läßt sich bei *Ascaris* nur gewaltsam durchführen. Denn die einzelnen Blastomeren gehen hier von Anfang an innerhalb gewisser Grenzen ihre eigenen Wege: sie teilen sich nicht nur nicht gleichzeitig, sondern es ist von 2 Schwesterzellen, bezw. den davon abstammenden Zellgruppen bald die eine, bald die andere erheblich in der Schnelligkeit der Teilung voraus.

Unter diesen Umständen halte ich es für das Zweckmäßigste, von einer Abgrenzung einzelner Entwickelungsstadien ganz abzusehen und einfach die Objekte, die ich abgebildet habe, der Reihe nach zu beschreiben.

Fig. 1. Die erste Embryonalzelle hat sich in die 2 primären Furchungszellen geteilt[1], von denen die in der Zeichnung nach oben gekehrte deutlich größer ist als die untere. Diese Größendifferenz ist eine ganz konstante Erscheinung und tritt besonders im Leben stets aufs schärfste hervor. Sie ist um so bemerkenswerter, als in die kleinere Zelle etwas mehr Dottermaterial eingeht als in die größere, eine Differenzierung, die bei *Strongylus paradoxus* so weit geht, daß der ganze Dotter in die eine der beiden primären Furchungszellen zu liegen kommt (SPEMANN). Fig. 1 stellt ein Stadium dar, wo jede der beiden Zellen im Begriff steht, sich abermals zu teilen. In jeder Zelle zeigt sich eine Spindel mit einer aus 2 (*Ascaris meg. univalens*) bandförmigen Chromosomen zusammengesetzten Aequatorialplatte. In der unteren kleineren Zelle steht die Spindelachse annähernd in der Richtung der vorhergehenden Teilungsachse, in der oberen senkrecht dazu. Auch dieses sehr eigentümliche Verhalten ist, mit geringen Abweichungen und ganz seltenen Ausnahmen, eine konstante Erscheinung bei *Ascaris megalocephala*, und zwar ist es stets die kleinere Zelle, welche die längsgestellte Spindel aufweist. Der wichtigste Unterschied aber zwischen den beiden primären Furchungskugeln liegt in dem Verhalten des Chromatins. In der kleineren Zelle finden sich 2 Chromosomen, die vollkommen mit denen der ersten Embryonalzelle übereinstimmen; in der größeren Zelle läßt die chromatische Substanz gleichfalls aufs deutlichste noch die Anordnung zu zwei an den Enden verdickten Schleifen erkennen. Allein die beiden Chromosomen sind im Begriff, der Quere nach in Stücke zu zerfallen. Das eine Chromosom weist zwei, das andere bereits drei Unterbrechungen auf, an denen jedoch ohne Zweifel, wenn es auch nicht optisch nachweisbar ist, achromatische Substanzbrücken noch einen Zusammenhang zwischen den färbbaren Abschnitten vermitteln.

Die weitere Entwickelung wird zeigen, daß durch die hiermit eingeleitete Umformung des Chromatins die davon betroffene Zelle zu einer rein somatischen gestempelt ist: d. h. es leiten sich von ihr nur Gewebezellen ab, wogegen unter den Nachkommen der anderen auch die Geschlechtszellen enthalten sind. Wir haben es demnach in jener oberen Zelle mit einer somatischen Urzelle zu thun; ich nenne sie zur Unterscheidung von später auftretenden Zellen gleicher Art somatische Urzelle I. Ordnung (S_1). Sie und alle ihre Nachkommen sind in den Figuren durch gelbe Farbe ausgezeichnet. Es mag gleich bemerkt werden, daß sich aus der Zelle S_1 ausschließlich ektodermale Elemente ableiten. Dies hat schon HALLEZ (14) richtig erkannt. Die untere Zelle ist die Stammzelle I. Ordnung (P_1).

Fig. 2. In Fig. 2a haben wir fast genau das gleiche Stadium vor uns, wie in Fig. 1; die beiden Furchungszellen sind gegenüber denen der Fig. 1 um ihre gemeinsame Achse um 90° gedreht, so daß nun auch die karyokinetische Figur der Zelle S_1 sich dem Beschauer in seitlicher Ansicht darbietet. In Fig. 2b ist die Aequatorialplatte dieser Zelle bei polarer Ansicht abgebildet. Man erkennt an derselben, daß die Segmentierung der beiden Chromosomen beträchtliche Fortschritte gemacht hat. In jeder Schleife ist der mittlere bandförmige Abschnitt in eine große Anzahl kleiner Körner zerlegt, wogegen die verdickten

[1] Ueber die Zustände, welche dem Stadium der Fig. 1 vorausgehen, vergl. HALLEZ und besonders ZUR STRASSEN.

Endabschnitte eine Zerfällung in Unterabteilungen nicht erkennen lassen. Auch hier sind offenbar alle diese Abteilungen noch durch ungefärbte Brücken miteinander verbunden. Betrachtet man die Aequatorialplatte von der Seite (Fig. 2a), so präsentiert sich jedes der kleinen Chromatinsegmente als ein querteiliges Stäbchen oder ein Doppelkorn, dessen Längsachse der Spindelachse parallel läuft. Das Stäbchen sieht genau so aus wie der optische Durchschnitt durch den in Längsspaltung begriffenen mittleren Teil eines typischen bandförmigen *Ascaris*-Chromosoma; die Querteilung der Stäbchen in der somatischen Urzelle entspricht also der Längsteilung der bandförmigen Chromosomen.

Die verdickten Endabschnitte, von denen in Fig. 2a nur zwei gezeichnet sind, sind ungespalten.

Fig. 3 schließt sich aufs engste an Fig. 2 an; die beiden Teilungsfiguren, ebenso orientiert wie in Fig. 2, befinden sich im Stadium der Metakinese. In der Stammzelle P_1 bietet dieser Prozeß nichts irgendwie von der vorhergehenden Teilung Abweichendes; man sieht mit jeder der beiden auseinanderrückenden Astrosphären 2 Tochterschleifen verbunden, deren Endabschnitte gegen den Aequator abbiegen, um mit denen der anderen Seite die bekannte Tonnenform[1] darzustellen. Ein wesentlich anderes Bild gewährt die Zelle S_1. Hier haben sich nur die kleinen Stäbchen, die wir auf dem Stadium der Fig. 2 aus dem mittleren Abschnitt der beiden Chromosomen entstehen sahen, geteilt; von jedem Doppelkorn der Fig. 2 ist die eine Hälfte in der linken, die andere in der rechten Tochterplatte zu erkennen. Die 4 verdickten Schleifenenden dagegen — eines davon ist verdeckt — haben sich zwar schließlich auch noch der Länge nach gespalten; aber ihre Spalthälften haben die Wanderung nach links und rechts nicht mitgemacht; sie sind mit ihrem äußersten Ende verkittet, und von diesem im Aequator gelegenen Punkt sind sie, wie die beiden Schenkel eines Zirkels, mit ihren freien Enden nach den beiden Polen hin gerichtet. Sie sind damit aus dem Kernbestand der Zelle S_1, bezw. der Abkömmlinge dieser Zelle ausgeschieden.

Fig. 4. Die Orientierung ist die gleiche, wie in Figg. 2 und 3. Die Teilung hat weitere Fortschritte gemacht und in der Zelle P_1 zu einer seichten, in S_1 zu einer bereits sehr tiefen Einschnürung des Zellenleibes geführt. Die Kernteilungsfigur von P_1 zeigt noch die charakteristische Tonnenform, nur bedeutend verlängert. Auch die Teilungsfigur von S_1 unterscheidet sich von der des vorhergehenden Stadiums wesentlich nur durch weitere Entfernung der beiden Tochterplatten. Das Zurückbleiben der Schleifenenden in der Aequatorialzone wird dadurch noch deutlicher.

Fig. 5. Die somatische Urzelle S_1 (*A B*) hat sich in *A* und *B*, die Stammzelle P_1 in die Stammzelle P_2 und in die Ursomazelle S_2 (*EMSt*) geteilt.

Die 4 Zellen sind in Form eines T zu einander gestellt, in der Art, daß die Zellen *A* und *B* den queren, die Zellen P_2 und S_2 den Längsschenkel bilden. Diese Anordnung ist eine Konsequenz der in Figg. 1 und 2 zu konstatierenden Stellung der Spindelachsen und tritt, wie diese, als Regel auf. Nur ausnahmsweise wird die Anordnung der Fig. 8 ohne Einschaltung dieses T-förmigen, schon von HALLEZ beobachteten Stadiums erreicht.

Zum erstenmal tritt an dieser Figur eine Eigentümlichkeit hervor, die sich auch später regelmäßig wiederholt, nämlich ein Wulst, den jede Furchungszelle von *Ascaris* an der Stelle, wo sie ihre Nachbarzellen berührt, zur Ausbildung bringt, sobald die Kernrekonstruktion beginnt, und der bis zum Auftreten der nächsten Teilungsfigur bestehen bleibt. So sehen wir diese charakteristischen Wülste an den Zellen *A* und *B* bereits deutlich hervortreten, wogegen sie in P_2 und S_2, die in der Teilung etwas zurück sind, noch fehlen. Daß diese Formveränderungen der Zellen nicht etwa Kunstprodukte sind, davon kann man

---

[1] Daß diese Tonnenform nichts mit der sogen. heterotypischen Teilung zu thun hat, habe ich schon früher betont. Ich komme darauf in Kapitel V zurück.

sich an lebendem Material leicht überzeugen. Hier können dieselben sogar zu Täuschungen Veranlassung geben, indem die gegeneinander gepreßten Randwülste zweier sich berührender Zellen die Scheidewand zwischen beiden fast zum Verschwinden bringen, eine Erscheinung, die schon HALLEZ bemerkt und als „fusionnement apparent" (p. 21) bezeichnet hat.

Was die Größenverhältnisse der 4 Zellen anlangt, so scheinen A und B genau gleich groß zu sein, soweit sich dies eben schätzen läßt. Dagegen finde ich zwischen den Schwesterzellen P_2 und S_2 fast stets einen geringen, aber deutlichen Unterschied: S_2 ist etwas größer als P_2, etwa im gleichen Verhältnis, das zwischen S_1 und P_1 besteht.

Während in S_2 und P_2 noch die kompakten Tochterschleifen erhalten sind, finden wir in A und B aus jeder Tochterplatte einen kleinen Kern entstanden, der die Form einer ungefähr kreisförmigen, gegen die Astrosphäre mehr oder weniger konkaven Scheibe besitzt und die Chromosomen in der Umbildung zum Kerngerüst erkennen läßt. Ganz regelmäßig liegen auf diesem Stadium die beiden Schwesterkerne einander beträchtlich näher als die Tochterplatten am Schluß des Teilungsaktes (vergl. Fig. 4); auch sind sie fast immer gegen die Zelle S_2 zu verschoben.

Durch ihre intensive Färbbarkeit treten endlich aufs schärfste die 4 abgestoßenen Schleifenenden hervor, die aus ihrer gestreckten, von den Zugkräften der Teilungssphase beeinflußten Form sich wieder zusammengezogen haben und die Tendenz erkennen lassen, sich kugelig abzurunden, was als das erste Zeichen ihrer beginnenden Degeneration anzusehen ist. Wie diese Brocken auf die beiden Schwesterzellen verteilt werden, hängt ganz vom Zufall ab, in Fig. 5 treffen wir 2 in der Zelle A, 2 in B.

Daß die Zelle S_1 sich früher teilt als P_1, ist keine konstante Erscheinung; ich habe zahlreiche Fälle gesehen, wo die Zellen P_2^- und S_2 seit längerer Zeit gebildet waren und S_1 noch im Stadium der Aequatorialplatte verharrte. Auch das umgekehrte Verhalten kommt häufig vor.

Die Zelle S_2 ist, wie die weitere Entwickelung lehrt, die Ursomazelle II. Ordnung. Sie und alle ihre Abkömmlinge sind durch blauen Ton kenntlich gemacht. Sie liefern den ganzen Entoblast und Mesoblast, sowie gewisse in die Mundbucht eingehende ektoblastische Zellen (Stomatoblasten).

Während die 4 Zellen, deren Entstehung wir soeben verfolgt haben, ins Ruhestadium übergehen, und ehe eine von ihnen sich von neuem teilt, verändert die Zelle P_2 ihren Ort, in der Weise, daß diese Endzelle des Längsbalkens sich so lange um ihre Schwesterzelle herum schiebt, bis sie mit einer der beiden Zellen des Querbalkens (A oder B) in Kontakt kommt und sich nun so in den Winkel zwischen dieser Zelle und der Zelle S_2 einkeilt, daß nunmehr die gemeinsame Achse von S_2 und P_2 mit der von A und B parallel läuft. Diese Wanderung und das schließliche Resultat wird durch die Figg. 6—8 veranschaulicht.

Wie oben bereits erwähnt, kann das Stadium der Fig. 8 ausnahmsweise auch direkt erreicht werden; in diesem Falle steht schon die Spindelachse von P_1 zu der von S_1 parallel. Auch Zwischenzustände in allen Abstufungen kommen vor[1]).

Fig. 6. Die Kerne der 4 Zellen zeigen nur geringe Fortschritte gegenüber dem Stadium der Fig. 5. Die Kernvakuolen in A und B haben sich vergrößert und besitzen die Form bikonvexer Linsen; ihr Hohlraum wird von einem zarten Gerüst durchsetzt, das nur an den Knotenpunkten eine geringe Färbbarkeit in

---

1) Es war mir wahrscheinlich, daß diese Verschiedenheiten durch die verschiedene Form des Hohlraumes der Eischale bedingt seien, der manchmal kugelig ist. in den meisten Fällen aber die Form eines Ellipsoides besitzt. Diese Vermutung lag um so näher, als ZIEGLER (23. p. 396) für *Diplogaster longicauda*. einen Nematoden aus der Familie der *Anguillulidae*, ganz entsprechende Variationen der Furchung durch künstliche Formveränderung des Eies zustande kommen sah. Allein die Beobachtungen von ZUR STRASSEN an lebenden *Ascaris*-Eiern zeigen wohl unwiderleglich, daß hier die Richtung der Teilungen von den durch die Eischale bedingten Druckverhältnissen unabhängig ist.

Karmin und Hämatoxylin besitzt. Die abgestoßenen Chromatinbrocken verhalten sich fast ebenso wie in Fig. 5. — In den Schwesterzellen S_2 und P_2 ist es noch nicht zur Bildung von Kernbläschen gekommen; in jeder Zelle finden sich noch die beiden Tochterschleifen, und die gegenseitige Lagerung dieser beiden Chromatingruppen läßt keinen Zweifel, daß die bereits ziemlich deutliche Schiefstellung des Längsbalkens der T-Figur fast ausschließlich auf einer Bewegung der Zelle P_2 beruht, wogegen S_2 ihre Lage kaum verändert.

Fig. 7. Hier ist die Drehung des Längsbalkens bereits so weit vorgeschritten, daß P_2 eine kleine Strecke weit mit B in Berührung getreten ist. In allen 4 Zellen zeigen sich ruhende Kerne, die jedoch noch nicht ihre volle Größe erreicht haben. Die beiden Schwesterkerne in A und B sind von den beiden Schwesterkernen in P_2 und $EMSt$ aufs schärfste unterschieden, so daß auf diesem wie auf allen folgenden Stadien eine Verwechselung der beiderlei Kernformen unmöglich ist.

Der Unterschied beruht darauf, daß in die Bildung der Kerne von P_2 und $EMSt$ die Schleifenenden eingegangen sind, die den Kernen der beiden anderen Zellen fehlen. Wie ich früher (6, Kap. VI) für die Kerne der beiden primären Furchungszellen eingehend dargelegt habe, bedingen die Schleifenenden Aus-sackungen der Kernvakuole derart, daß in typischen Fällen jedes Schleifenende in einen besonderen hand-schuhfingerartigen Blindsack zu liegen kommt. Die Kerne von P_2 und $EMSt$ (Fig. 7 und 8) besitzen genau dieselbe Form; den Kernen von A und B dagegen fehlen mit den Schleifenenden auch die Aussackungen der Vakuole, diese Kerne sind kugelig oder ellipsoid. Selbstverständlich kommt nun auch dem Gerüst der Kerne von P_2 und $EMSt$ eine beträchtlich größere Affinität für Farbstoffe zu als dem der Kerne von A und B. Doch findet sich diese stärkere Färbbarkeit nur auf die Kernfortsätze und die angrenzenden Teile der Vakuole beschränkt, auf diejenigen Gerüstbezirke also, die aus den Schleifenenden entstanden sind und bei der nächsten Teilung wieder zu solchen werden. Der übrige Teil der Kernstruktur stimmt mit der der diminuierten Kerne völlig überein, was wiederum nicht anders zu erwarten ist, da es identische Schleifen-bezirke sind, die diesen Teilen der Kerne zu Grunde liegen.

Die Chromatinmenge, die in den Zellen P_2 und $EMSt$ in den Kernfortsätzen enthalten ist, liegt in den beiden anderen Zellen in Gestalt der aus dem Kernbestand ausgeschiedenen 4 Chromatinbrocken vor, von denen in Fig. 7 drei in B, einer in A zu sehen sind.

Fig. 8 zeigt das vierzellige Stadium nach Erreichung des vollen Ruhezustandes. Die Umgruppierung der Blastomeren ist vollendet; die Zelle P_2 ist mit der Zelle B in breiten Kontakt getreten. Die Kerne haben ihre volle Größe erreicht.

Bevor wir dieses Stadium noch etwas eingehender analysieren, ist es zweckmäßig, hier schon fest-zustellen, in welchem genealogischen Verhältnis diese 4 Zellen zu den Keimblättern stehen und wie sich ihre Gruppierung zu den Regionen und der Symmetrieebene des späteren Embryos verhält.

Schon alle bisherigen Beobachter der Nematoden-Entwickelung haben erkannt, daß die Ebene, welche die erste Embryonalzelle in die 2 primären Furchungszellen zerlegt, nicht zur Medianebene des Embryos wird, daß jene Teilungsebene also nicht 2 gleichwertige, sich symmetrisch verhaltende Zellen von-einander scheidet, sondern 2 Zellen, deren Verbindungsachse in die spätere Medianebene des Embryos fällt und die sich in ihren weiteren Schicksalen als ganz verschiedenartig erweisen.

Und zwar sollte, wie speciell HALLEZ (12) für *Ascaris megalocephala* beschrieben hat, die Zelle S_1 den gesamten Ektoblast des Wurmes liefern, die Zelle P_1 den ganzen Ento-Mesoblast, wobei stillschweigend vorausgesetzt wurde, daß sich die Sexualzellen aus dem Mesoblast differenzieren. Es wird sich unten zeigen, daß diese Angaben nicht richtig sind. Zwar liefert in der That die Zelle S_1 ausschließlich ektoblastische Abkömmlinge, aber es geht nicht der ganze Ektoblast aus ihr hervor, sondern ein Teil stammt, wie sich zeigen wird, aus der Zelle P_1, die sonach Ektoblast, den gesamten Ento-Mesoblast und die bis spät im Ektoblast gelegenen und ganz unabhängig vom Mesoblast sich differenzierenden Urgeschlechtszellen aus sich hervorgehen läßt.

Der erste Schritt zu einer Sonderung dieser verschiedenen Aufgaben auf bestimmte Zellen vollzieht sich bei der bereits verfolgten Teilung der Zelle P_1 in P_2 und S_2 (EMSt). Während S_1 in zwei hinsichtlich des Keimblattes gleichwertige, ektoblastische Zellen zerlegt wird, zerfällt P_1 in zwei ungleichwertige Tochterzellen: die größere (blau), welche den Querbalken der T-Figur berührt, ist die Urzelle für den gesamten Entoblast, Mesoblast, sowie für das Stomatodäum (zuerst von zur Strassen erkannt), die andere, P_2, liefert fortan nur noch ektoblastische Elemente und die Urgeschlechtszellen.

Die Medianebene des Embryos läßt sich zuerst bestimmen, wenn in der Zelle S_1 des zweizelligen Stadiums die Teilungsfigur fertig ausgebildet ist. Die Ebene, welche die Spindelachse von S_1 enthält und die Zelle P_1 in ihrem größten Durchmesser schneidet, ist als Medianebene zu bezeichnen[1]. Nach Ausbildung des vierzelligen Stadiums ist die Medianebene diejenige Ebene, welche alle 4 Blastomeren in ihrem gemeinsamen größten Durchmesser schneidet. In allen bisher besprochenen Figuren mit Ausnahme von Fig. 1 ist die Medianebene der Ebene des Papiers parallel und zwar erblickt man den Embryo von seiner rechten Seite. Diese letztere Behauptung gilt allerdings mit voller Sicherheit erst von dem Moment an, wo sich der Längsschenkel des T zu drehen beginnt. Diejenige Seite, nach welcher sich die Endzelle des Längsbalkens wendet, wird zur hinteren Seite des Embryos. In Fig. 6—8, ebenso in Fig. 9, 10 a und 11 a ist also das hintere Ende des Embryos nach links gekehrt, die Dorsalseite nach oben, der Embryo präsentiert sich von seiner rechten Seite.

Hallez hat die Frage aufgeworfen, ob man nicht schon auf Stadien, wie denen der Fig. 4 und 5, feststellen könne, wie sich der Längsbalken drehen wird, ob man also schon auf diesen frühen Stadien das Rechts und Links, Vorn und Hinten des Embryos bestimmen könne. Er glaubt diese Frage bejahen zu dürfen, und zwar auf Grund der Lage des zweiten Richtungskörpers. Dieses Körperchen soll nach den Beobachtungen von Hallez stets einer der beiden Tochterzellen von S_1 anhaften, und dieser durch den Besitz des Richtungskörpers ausgezeichneten Zelle neige sich die Zelle P_2 zu. Ich muß jedoch diese Angabe als irrtümlich bezeichnen. Die Lage des zweiten Richtungskörpers ist ganz regellos: er wird auf dem Stadium von 4 Zellen — sowohl an den Tochterzellen von S_1, wie an denen von P_1 angetroffen (vergl. Fig. 7 und 9). Und selbst in dem Falle, wo der zweite Richtungskörper an der einen Tochterzelle

1) Dies gilt allerdings nur unter der Voraussetzung, daß sich die Stellung der fertigen Spindel von S_1 nicht nachträglich noch ändert. Doch muß eine solche Aenderung nach dem, was wir bei der Teilung der späteren Blastomeren beobachten können, als höchst unwahrscheinlich bezeichnet werden.

Aus dem oben Gesagten würde folgen, daß, falls nicht in den beiden primären Blastomeren schon von ihrer Entstehung an, für uns nicht erkennbar, die Bilateralität in gleicher Richtung vorgezeichnet ist, die zufällige Stellung der Teilungsfigur in S_1 für die Medianebene bestimmend ist, indem die Drehung von P_1 in der Richtung der Verbindungslinie von A und B, d. i. in der Richtung der Teilungsachse von S_1 erfolgt.

Nun kommt es, wie oben schon erwähnt, vor, daß sich P_1 früher teilt als S_1, so daß dann die Drehung und Anlehnung von P_2 gegen S, schon vollzogen ist, ehe diese Zelle mit ihrer Teilung begonnen hat. Sie teilt sich dann, wie zur Strassen besonders betont hat, genau in der Ebene, welche durch die Wanderung von P_1 bezeichnet ist. zur Strassen, der diese Verhältnisse nach lebenden Eiern sehr schön beschrieben hat, glaubt daraus schließen zu müssen (p. 37), daß in diesem Fall die Medianebene durch die Zelle P_1, bezw. ihre Abkömmlinge, bestimmt werde. Dieser Schluß ist jedoch auf Grund von Beobachtungen an lebenden Objekten nicht zwingend. Denn wenn zur Strassen sagt, daß „das untere Paar unbekümmert um den Zustand der Zelle I (meiner S_1) seine Schwenkung auszuführen vermag", so ist darauf hinzuweisen, daß in den von mir beobachteten Fällen dieser Art in S_1 zur Zeit dieser Schwenkung bereits eine fertige karyokinetische Figur bestand, und daß die Drehung von P_1 in der Richtung der Achse dieser Figur erfolgte. Ganz ebenso scheint es in den von Zoja (Fig. 8 und 9) beobachteten Fällen zu sein. Danach ist es wohl wahrscheinlicher, daß die Richtung der Drehung von P_1 durch eine in Zelle S_1 schon von ihrer Teilung bestehende Polarität bestimmt wird.

von S_1 vorgefunden wird, kann sich die Zelle P_2 gerade entgegengesetzt zu der von HALLEZ behaupteten Richtung bewegen, wie dies durch Fig. 7 bewiesen wird.

Da also dieses Kriterium hinfällig ist und da das vielzellige Stadium v o r d e r D r e h u n g, soweit ich sehe, eine vollkommen symmetrische Gestalt besitzt (Fig. 5), so fehlt überhaupt jeder Anhaltspunkt, um zu entscheiden, ob die Drehung stets in einem bestimmten Sinn erfolgt. Sicher ist dagegen, daß von dem Moment an, wo die Drehung beginnt, einer jeden der 4 Zellen ihre Schicksale genau vorgezeichnet sind.

Fassen wir nach diesen Erörterungen nochmals das Stadium der Fig. 8 ins Auge, so bietet dasselbe von seiner breiten (rechten oder linken) Seite besehen, ungefähr die Form eines Rhombus dar von fast vollkommener Symmetrie. Denn die thatsächlich vorhandenen Größenunterschiede zwischen den 4 Zellen treten auf diesem Stadium kaum hervor. Da auch das Aussehen des Protoplasmas an konservierten Objekten und wohl meist auch im Leben in allen 4 Zellen das gleiche ist, so wäre man nicht imstande, die Zelle A von der symmetrisch gelegenen Zelle P_2, oder B von ihrem Gegenüber $EMSt$ zu unterscheiden, wenn nicht die Kerne eine Bestimmung und damit eine Orientierung ermöglichten. Nach dem, was über die Fig. 7 gesagt wurde, bedürfen diese Verhältnisse keiner weiteren Auseinandersetzung. Von den beiden Ektoblastzellen steht diejenige (B), welche sich mit P_2 berührt, caudal, die andere (A) rostral. Von den beiden anderen Zellen mit der ursprünglichen Kernstruktur ist diejenige, welche beide Ektoblastzellen berührt ($EMSt$, blau), ventri-rostral gerichtet; ihre Schwesterzelle P_y, aus der neben den Urgeschlechtszellen noch Ektoblastzellen hervorgehen, steht ventri-caudal.

Fig. 9 zeigt unsere 4 Zellen in Vorbereitung zur nächsten Teilung. Wie in den abgebildeten früheren Stadien die Zelle S_1 der Zelle P_1 in der Teilung voraus war, so sind auch jetzt die Abkömmlinge von S_1 denen von P_1 vorausgeeilt. Es ist dies die Regel. Doch findet man manchmal P_2 ganz ebenso weit entwickelt wie A und B, in ganz seltenen Fällen ist diese Zelle sogar die erste, die sich teilt. Auch die Teilung von A und B vollzieht sich durchaus nicht immer genau synchron (vergl. Fig. 10); es kommt vor, daß die eine bereits durchgeschnürt ist, ehe die andere damit begonnen hat[1]). So ergiebt sich hier eine große Zahl von Variationen.

In Fig. 9 zeigen die Zellen A und B fertige Spindeln, deren Achsen ungefähr senkrecht auf der Medianebene stehen. Sie sind in vielen Fällen genau parallel, in anderen — einen solchen stellt Fig. 41a (Taf. VI) bei dorsaler Ansicht dar — ist der linke Pol der Spindel von A nach vorn verschoben, eine Stellung der Achse, die schon die spätere Gruppierung der Tochterzellen von A und B andeutet.

Die Aequatorialplatten der beiden Teilungsfiguren in A und B präsentieren sich in Fig. 9 in der Flächenansicht; eine jede besteht aus einer großen Anzahl vollständig getrennter winzig, kleiner, stabförmiger Chromosomen, wie dies ja nach der Genese der fraglichen Kerne nicht anders zu erwarten ist. Die Zahl der Chromosomen läßt sich nur annähernd bestimmen; es mögen etwa 60 sein. In B konstatiert man noch die bei der vorausgegangenen Teilung abgestoßenen und bereits kleiner gewordenen Schleifenenden.

In den Zellen P_2 und $EMSt$ sind die charakteristischen Kernvakuolen noch intakt. Das chromatische Gerüst aber ist bereits zu isolierten Chromosomen kontrahiert. Dabei ergiebt sich nun zwischen P_2 und $EMSt$ ganz die gleiche Differenz, wie früher zwischen P_1 und S_1. In dem Kern von P_2 lassen sich 2 Schleifen mit angeschwollenen Enden verfolgen. Im Kern von $EMSt$ dagegen liegen zahlreiche Chromatinstücke vor, und zwar einerseits 4 dicke geschlängelte Portionen, die sich auf Grund ihrer Lagerung in

---

1) ZUR STRASSEN giebt an (21, p. 40), daß sich die Zellen A und B (seine $I A$ und $I B$) s t e t s g l e i c h z e i t i g durchschnüren. Nach dem oben Gesagten ist dies zu korrigieren. Auch bei *Strongylus paradoxus* hat SPEMANN gefunden, daß die Zelle A schon geteilt sein kann. während in B noch die Aequatorialplatte besteht (vergl. seine Fig. 6, Taf. XIX).

den Aussackungen der Vakuole als die Schleifenenden kennzeichnen, andererseits eine große Zahl kleiner Stäbchen mit noch rauher Oberfläche. Daß dieses Verhalten des Kerns von $EMSt$ auf ganz die gleiche Diminution abzielt, wie sie oben für die Zelle S_1 dargelegt wurde, lehrt das folgende Stadium.

Fig. 10 a und b. Der Embryo ist in zwei verschiedenen Ansichten dargestellt, in a von der rechten, in b von der Dorsalseite. A und B haben sich geteilt, und es sind damit, nachdem bisher nur u n p a a r e Zellen vorhanden waren, p a a r i g e geschaffen, 2 rechte Ektoblastzellen a und b, 2 linke α und β. Die beiden letzteren tragen den gelben Ton in S c h r a f f i e r u n g, eine Unterscheidung zwischen rechts und links, die wegen der späteren ziemlich komplizierten Ineinanderschiebung rechts- und linksseitiger Ektoblastzellen eingeführt und in den Abkömmlingen der in Rede stehenden Zellen fortgeführt ist bis zum Stadium der Fig. 22.

Sowohl in der Seitenansicht, wie noch mehr in der dorsalen tritt deutlich hervor, daß schon auf diesem Stadium, also ganz kurz nach der Teilung, die beiden rechten Ektoblastzellen zu den beiden linken nicht völlig symmetrisch gelagert sind. Die Seitenansicht lehrt, daß die Verbindungslinie der Mittelpunkte von α und β mehr nach vorn- unten geneigt ist als die von a und b, eine Erscheinung, die ganz konstant ist und später zu einer noch viel auffallenderen Divergenz führt. Sodann geht aus der Dorsalansicht hervor, daß die rostralen Schwesterzellen a und α gegenüber b und β nach l i n k s verschoben sind, so daß die Zelle a mit β in Kontakt zu treten beginnt, was gleichfalls eine konstante Erscheinung ist. Damit ist eine Asymmetrie der beiden Hälften des Embryos eingeleitet, die im weiteren Verlauf noch viel auffälliger hervortreten wird.

Was die K e r n e der 4 ektoblastischen Zellen anlangt, so erkennt man in a und α noch eine aus winzigen, dicht zusammengedrängten Chromatinkörnern gebildete Tochterplatte, in b und β hat die Kernrekonstruktion bereits begonnen. In 3 von den 4 Zellen sind noch stark zusammengeschmolzene Reste der in S_1 abgestoßenen Schleifenenden zu erkennen.

Die Zellen P_2 und $EMSt$ sind noch, wie in Fig. 9, ungeteilt; doch haben sich in beiden Zellen Spindeln ausgebildet, die besonders in der Seitenansicht gut hervortreten. Die Achsen beider Spindeln fallen in die Medianebene, sie bilden miteinander einen stumpfen Winkel, der übrigens in manchen Fällen fast zu einem rechten wird. Die Teilungsfigur in P_2 steht auf dem Stadium der Aequatorialplatte mit den typischen zwei Schleifen, in $EMSt$ ist die Aequatorialplatte noch nicht gebildet. Zwischen den beiden Polen liegen in großer Zahl jene kleinen, zum Teil bereits in Spaltung begriffenen Stäbchen, welche für die somatischen Zellen charakteristisch sind, weiter nach außen finden sich 4 dicke den früheren Schleifenenden entsprechende Stücke.

Fig. 11. Der Embryo ist wieder in a von der rechten, in b (Taf. II) von der Dorsalseite dargestellt. Der Hauptfortschritt besteht darin, daß sich P_2 geteilt hat in 2 an der Hinterseite des Embryos schief übereinander stehende Zellen, in denen noch je 2 Tochterschleifen bestehen. Um gleich die Schicksale dieser beiden Zellen kurz zu bezeichnen, so wird die dorsale Zelle bei ihrer Teilung die nun bereits zweimal abgelaufene Diminution erleiden. Wir haben in ihr also die s o m a t i s c h e U r z e l l e III. O r d n u n g (S_3) zu erkennen. Sie und alle ihre Abkömmlinge sind in den Abbildungen durch Englischrot ausgezeichnet. Sie liefern ausschließlich E k t o b l a s t, speciell die sog. „S c h w a n z z e l l e n" GOETTE's [1]) leiten sich aus S_3 ab. Die Schwesterzelle von S_3 ist die S t a m m z e l l e III. O r d n u n g (P_3).

---

1) A. GOETTE, Untersuchungen zur Entwickelungsgeschichte der Würmer, 1. Teil, 1882 (12).

In der Zelle *EMSt* ist die Spindel fertig gebildet; die kleinen, stabförmigen Chromosomen sind zur Aequatorialplatte geordnet. Diese wird flankiert von zweien der 4 abgestoßenen Endstücke; die beiden anderen liegen in der Nähe des hinteren Poles.

Die 4 primären Ektoblastzellen (gelb) befinden sich im Ruhezustand und tragen in auffallender Weise die schon oben besprochenen Wülste zur Schau. Die Kerne sind groß, annähernd kugelig und kaum färbbar; in *a* und *α* sind noch Diminutionskörner zu erkennen.

Die bereits in Fig. 10 konstatierte Asymmetrie hat noch weitere Fortschritte gemacht. Betrachten wir zunächst die als durchsichtig dargestellte Seitenansicht, so ergiebt sich, daß der Winkel, den die ideale Achse der beiden rechten Zellen mit der der linken schon in Fig. 10a gebildet hat, bedeutend größer geworden ist, so daß die rechte Achse nach h i n t e n - unten, die linke nach v o r n - unten geneigt ist. Dabei stehen jedoch die Zellen *b* und *β* annähernd in gleicher Höhe. Die beiden linken Zellen sind gegenüber den rechten rostral verschoben, so daß bei der Ansicht von rechts (Fig. 11a) die linke Zelle *α* ein gutes Stück weit sichtbar ist. Die Dorsalansicht läßt dies gleichfalls erkennen und zeigt außerdem die breite Berührung, die sich zwischen *a* und *β* ausgebildet hat. Die 4 primären Ektoblastzellen erinnern bei dieser Ansicht ungemein an das vierzellige Stadium, wie es in Fig. 8 abgebildet ist.

Fig. 12 giebt wieder in a die Ansicht von der rechten, in b von der Dorsalseite. Der Zellenbestand hat sich nur insofern geändert, als sich die somatische Urzelle II. Ordnung *EMSt* geteilt hat. Wie schon die Richtung der Spindelachse in Fig. 10 und 11 voraussagen ließ, sind 2 an der Ventralseite hintereinander gelegene, anscheinend gleich große Zellen entstanden, jede mit einem noch nicht völlig ausgewachsenen linsenförmigen Kern und mit einem Teil der Diminutionskörner. Die rostrale Zelle, die, wie ihre Abkömmlinge, einen d u n k e l b l a u e n Ton trägt, liefert den gesamten Mesoblast und die Anlage des Stomatodäums, sie ist mit *MSt* bezeichnet. Die caudale Zelle (*E*) ist die Urentoblastzelle. Sie und ihre Abkömmlinge sind h e l l b l a u gehalten.

An *E* schließt sich nach hinten die Stammzelle *P₃* an, an diese dorsal ihre Schwesterzelle *S₃* (*C*), die auch jetzt noch nichts von ihrer Bestimmung zu einer somatischen Urzelle erkennen läßt. Denn sie zeigt wie *P₃* den typischen chromatinreichen Stammkern mit den fingerförmigen Aussackungen. Beide Zellen nehmen zu dieser Zeit eine sehr eigentümliche Gestalt an, welche aus der Abbildung besser als durch Beschreibung deutlich wird. Die gemeinsame Achse von *S₃* und *P₃* steht nunmehr auf der von *E* und *M* annähernd senkrecht. Alle 4 genannten Zellen liegen so, daß ihr gemeinsamer größter Durchmesser die Medianebene des Embryos bezeichnet. Doch ist zu erwähnen, daß diese in Fig. 12 genau innegehaltene Stellung in vielen Fällen durch seitliches Ausweichen der Zellen *P₃* und *E* gestört ist.

Die 4 primären Ektoblastzellen sind noch ungeteilt, in den Schwesterzellen *a* und *α* aber bereits Spindeln mit fertiger Aequatorialplatte gebildet. Von einschneidender Bedeutung sind nun d i e L a g e - v e r s c h i e b u n g e n, d i e d i e 4 Z e l l e n i n z w i s c h e n d u r c h g e m a c h t h a b e n. Bei Besprechung der Figg. 10 und 11 habe ich bereits darauf aufmerksam gemacht, daß die rechtsseitige vordere Zelle *a* mit der linksseitigen hinteren *β* in Kontakt tritt. Schon in diesem Verhalten drückt sich ein Streben dieser Zelle n a c h h i n t e n aus. Diese Tendenz hat nun in Fig. 12 so beträchtliche Fortschritte gemacht, daß, wie die beiden Ansichten des Embryos lehren, die Zelle *a* die beiden Schwesterzellen *b* und *β* so weit auseinander und zur Seite geschoben hat, daß sie selbst nunmehr mit *S₃* (*C*) in breite Berührung gekommen ist. Sie ist bei dieser Verschiebung — sozusagen unberechtigterweise — in die Kategorie der unpaaren medianen Zellen eingetreten (vergl. besonders die Dorsalansicht), deren also nun 5 vorhanden sind. Indem sie nach vorn die Zelle *M*, nach hinten die Zelle *S₃* (*C*) berührt, ergänzt sie die 4 ursprünglichen unpaaren Zellen zu einem medianen Ring, dessen Oeffnung rechts durch e i n e Zelle, die seitlich herabgerückte *b*, links aber durch z w e i Zellen, *x* und *ß*, verschlossen wird. Es ist also durch diese Vorgänge zugleich die F u r c h u n g s - h ö h l e entstanden.

Die Asymmetrie des Embryos hat mit diesem Stadium ihren höchsten Grad erreicht. Der Zelle *b* der rechten Seite stehen links 2 Zellen von gleicher Größe gegenüber, von denen die vordere (*x*) wie ein über- flüssiger Höcker weit nach vorn und seitlich hinausragt und anfänglich die Orientierung sehr erschwert. Erst durch eingehendes Studium und Vergleichung mit späteren Stadien gelangte ich zur Klarheit und überzeugte mich, daß es sich hierbei nicht etwa um eine Abnormität handelt, sondern um einen vollkommen regulären Prozeß, der an allen Eiern genau in der nämlichen Weise abläuft.

Um jedoch auch dem Leser keinen Zweifel zu lassen, daß das Stadium der Fig. 12 in der dar- gelegten Weise auf das der Fig. 11 zurückzuführen ist, habe ich auf Tafel VI in Fig. 43a und b noch ein Zwischenstadium abgebildet, wo die Zelle *a* gerade in der Bewegung nach rückwärts begriffen ist. Die Zellenzahl ist die der Fig. 11. S_3 und P_x sind gebildet, *EMSt* enthält die fertige Spindel. Die Zelle *a* hat einen keilförmigen Fortsatz zwischen *b* und *ß* hineingetrieben und ist so schon sehr nahe an S_3 heran- getreten. Sie ist dabei aus ihrer ursprünglichen Stellung median- und dorsalwärts verschoben. Die Furchungs- höhle besteht noch nicht. Man kann sich durch Vergleichung von Fig. 43 mit Fig. 12 leicht klar machen, in welcher Weise sie zustande kommt. Die Zellen *b* und *ß*, die in Fig. 42 nur noch in schmaler Berührung stehen, klaffen auseinander; dadurch müßte ein nach außen offener Hohlraum entstehen, aber gleichzeitig legen sich auf die Oeffnung die Zellen *a* und hauptsächlich von hinten her S_3 und schließen so einen zunächst kleinen Hohlraum als Furchungshöhle ab[1].

Noch einige Verhältnisse an der Fig. 12 sind erwähnenswert. Vergleicht man die Seitenansicht mit der der Fig. 11a, so ergiebt sich, daß der oben schon besprochene Winkel zwischen den Verbindungsachsen der rechten und linken gelben Zellen noch größer geworden ist, was hauptsächlich auf der Verlagerung der Zelle *a* beruht. Bemerkenswert ist ferner, wie tief die Zellen *b* und *ß* seitlich herabgerückt sind. Endlich ist eine Betrachtung der 4 primären Ektoblastzellen bei d o r s a l e r Ansicht von einem gewissen Interesse (Fig. 12b). Die 4 Zellen bilden zusammen eine T-Figur, ganz ähnlich wie die 4 primären Furchungskugeln auf dem Stadium der Fig. 5. Es ist oben dargelegt worden, wie diese letztere T-Figur in das rautenförmige Stadium der Fig. 8 übergeht. An den 4 primären Ektoblastzellen spielt sich genau der gleiche Prozeß in umgekehrter Richtung ab. In Fig. 11a sind sie zum Rhombus geordnet; nun wird der Zusammenhang zwischen *b* und *ß* unterbrochen, und *b* wird zur Endzelle des Längsbalkens.

Was schließlich die Teilungsfiguren in *a* und *x* anlangt, so stehen deren Achsen annähernd parallel zur Medianebene, mit einer geringen Abweichung nach rechts-vorn. Außerdem ist zu erwähnen, daß die Spindelachse von *a* zur Verbindungslinie dieser Zelle mit ihrer Nachbarzelle *b* senkrecht steht und daß eine gleiche Beziehung zwischen *x* und *ß* konstatiert werden kann[2]). Sowohl in *a* wie in *x* ist die Lage der

---

1) Die Schilderung, welche ZUR STRASSEN von diesen merkwürdigen Verschiebungen giebt, stimmt im wesentlichen mit der meinigen überein. Auch bei *Strongylus paradoxus* hatte SPEMANN trotz der abweichenden Form des gesamten Eies die gleichen Vorgänge feststellen können.

In zwei untergeordneten Punkten muß ich der Darstellung von ZUR STRASSEN entgegentreten. 1) Nach diesem Forscher soll die ganze Umordnung der ektoblastischen Zellen auf einer Bewegung der beiden rechts gelegenen Blastomeren (*a* und *b*) beruhen (p. 41, 42). Wie meine Figg. 11 und 12 unzweifelhaft darthun, verändert aber auch die linke Zelle *ß* ihre Lage nicht uner- heblich, indem sie sowohl lateral-, als auch ventralwärts verschoben wird. Das Eintreten der Zelle *a* in die Medianebene wäre ja ohne ein Ausweichen der Zelle *ß* unmöglich. — 2) ZUR STRASSEN giebt an (p. 42), daß die Zellen *a* und *b* während der ganzen Zeit fest miteinander verbunden bleiben, und daß sich während ihrer Schwenkung ihre gegenseitige Lage nicht ändert. Ich sehe kein Merkzeichen, welches gestatten würde, dies festzustellen. Bilder, wie das in meiner Fig. 43 dargestellte, sprechen viel eher dafür, daß sich die beiden Zellen aneinander verschieben.

2) ZUR STRASSEN faßt diese Erscheinung als eine „eigentümliche innere Beziehung" zwischen den genannten Zellen auf (p. 44) und drückt das Verhältnis weiterhin (p. 47) so aus, daß die Zellen *a* und *x* von den hinter ihnen gelegenen zugehörigen

karyokinetischen Figur so, daß man glauben möchte, es müsse zu einer inäqualen Zellteilung kommen. Dies ist jedoch, wie die Folge lehrt, nicht der Fall.

Fig. 13. Der Embryo ist wieder in a von der rechten, in b von der Dorsalseite dargestellt. Die in Fig. 12 eingeleitete Teilung der Zellen *a* und *α* ist vollzogen, so daß der Embryo nunmehr aus 10 Zellen besteht. Um ihre Gruppierung zu erläutern, gehen wir am besten wieder von dem medianen Zellenring aus (Fig. 13a), der nun, anstatt aus 5, aus 6 Zellen zusammengesetzt ist, indem an Stelle von *a* deren Tochterzellen *a I* und *a II* getreten sind. In beiden Zellen sind noch die Tochterplatten der Teilungsfigur erhalten. Die 4 übrigen Zellen des Ringes haben sich, abgesehen von der Vergrößerung ihrer Kerne, kaum verändert. Das von dem Ring umschlossene Lumen der Furchungshöhle wird rechterseits, genau wie in Fig. 12, durch die Zelle *b* verschlossen, die ihre Lage kaum verändert hat, aber insofern einen Fortschritt aufweist, als sie sich zur Teilung vorbereitet. Die Achse der Teilungsfigur steht annähernd dorsi-ventral.

Dieser **einen** Zelle der rechten Seite stehen links 3 Zellen gegenüber, nämlich einmal die Schwesterzelle der oben besprochenen rechten: die Zelle *β*, die zu *b* ziemlich genau symmetrisch steht und gleichfalls eine dorsi-ventral gestellte Spindel (Fig. 13 b) enthält. Außerdem aber finden wir auf der linken Seite dorsal und rostral von *β* die beiden Schwesterzellen *α I* und *α II*, die, wie ihre Mutterzelle in Fig. 12, als Störerinnen der Symmetrie (vergl. besonders die Dorsalansicht) nach links-vorn hervorragen. Doch zeigen sich schon in dieser Figur die ersten Anzeichen, in welcher Weise später die Symmetrie des Embryos wiederhergestellt wird. Wie nämlich die Dorsalansicht erkennen läßt, liegt die Zelle *a I* nicht genau in der Medianebene des Embryos, sondern sie ist etwas nach rechts verschoben. Diese Verschiebung wird später noch weiter fortschreiten, und es wird, ohne Zweifel rein mechanisch bewirkt, an Stelle von *a I* die linke Zelle *α II* in die Medianebene eintreten. Die [nach rechts verdrängte Zelle *a I* aber wird sich symmetrisch zu *α I* aufstellen, womit auf beiden Seiten wieder die gleiche Zahl gleichwertiger Zellen erreicht sein wird.

Fig. 14. Der auffälligste Fortschritt gegenüber Fig. 13 besteht darin, daß sich die rechte Zelle *b* und ihre linke Schwesterzelle *β* geteilt haben, und zwar jede in eine dorsale und eine ventrale Zelle (*b I* und *b II*, bezw. *β I* und *β II*; die beiden letzteren, ebenso wie *α I* durch punktierte Linien angedeutet). Die 4 rechtsseitigen Zellen formieren sonach zusammen eine T-Figur, die 4 linksseitigen einen Rhombus, wobei sich die Diagonalzellen *α I* und *β I* berühren. Der Embryo setzt sich jetzt aus 12 Zellen zusammen: 6 bilden wie vorher den medianen Ring, wobei jedoch die Zelle *a I* etwas nach rechts verschoben ist. Die rechte Oeffnung des Ringes wird durch die Zellen *b I* und *b II* verschlossen, links liegen 4 durch punktierte Linien angegebene Zellen, von denen eine (*α II*) bei der Betrachtung von rechts eine Strecke weit sichtbar ist.

Die 8 primären Ektoblastzellen (gelb) zeigen sämtlich ruhende Kerne, desgl. die Urentoblastzelle (*E*); die Zelle *MSt* dagegen, sowie die Stammzelle P_3 und die somatische Urzelle III. Ordnung S_3 (*C*) sind in Vorbereitung zur Teilung begriffen. Die letztgenannte Zelle und die Zelle *MSt* befinden sich genau im gleichen Stadium, dem der Aequatorialplatte; und da die Spindelachsen in beiden Zellen gleich gerichtet sind, nämlich senkrecht zur Medianebene, bietet sich ein interessanter Vergleich zwischen dem Chromatinbestand der schon in der vorigen Generation somatisch gewordenen Zelle *MSt* und der erst bei dieser Teilung zu Somazelle werdenden S_3. In beiden Zellen finden sich ganz identische Aequatorialplatten aus kleinen zu einer kreis-

Zellen *b* und *β* in ihrer Teilungsrichtung beeinflußt werden. — Es scheint mir jedoch durchaus kein Grund zu bestehen, eine solche Abhängigkeit zu statuieren. Die geometrische Beziehung, die hier vorliegt, ist genau ausgedrückt, die, daß die Teilungsachse von *a*, bezw. *α* in einer Ebene liegt, die auf der Verbindungslinie von *a* und *b*, bezw. *α* und *β* senkrecht steht. Betrachtet man nun diese Ebene sowohl in *a* als *α* mit Rücksicht auf die Form des ganzen Embryonalkörpers, so ergiebt sich, wie besonders die Ansicht der Fig. 12a lehrt, daß sie für beide Zellen genau tangential zu einer idealen, durch die Mittelpunkte aller Zellen gelegten Fläche steht. Nun ist es aber für die Blastula des *Ascaris*-Eies ein ganz allgemeines Gesetz, daß alle Teilungsachsen tangential stehen. Dieses Gesetz ist sonach völlig ausreichend, um die Orientierung der Spindeln in *a* und *α* ohne Annahme besonderer Beziehungen zu den Zellen *b* und *β* zu erklären.

förmigen Scheibe geordneter Stäbchen, die in ihrer Zahl übereinzustimmen scheinen. Daneben besitzt aber S_3 noch 4 — zufällig zu 2 Paaren gruppierte — größere Chromatinstücke: die abgestoßenen Schleifenenden. Wiederholt sich sonach in der Zelle S_3 der schon zweimal abgelaufene Diminutionsprozeß, so erhält sich dagegen in ihrer Schwesterzelle P_3 der ursprüngliche Chromatinbestand. In dem noch intakten Kernbläschen sind 2 bandförmige Chromosomen zu erkennen. Auch in dieser Zelle läßt sich die Teilungsrichtung aus der Stellung der Centrosomen bereits bestimmen: die Spindelachse fällt in die Medianebene.

Fig. 15. Der Embryo besteht aus 15 Zellen, indem die Teilung der Zelle S_3 (*C*) in *c* und γ und der Zelle *MSt* in *mst* und *μσι* vollzogen ist. Dadurch ist der für die vorausgehenden Stadien beschriebene Ring medianer Zellen zerstört. In der Medianebene liegt noch die Urentoblastzelle *E* und caudal von ihr die Stammzelle P_3. An diese schließen sich dorsal 2 symmetrische Zellen an, die sich in der Medianebene berühren: die sekundären Ektoblastzellen *c* und γ. Auf diese paarigen Zellen folgt dann auf der Dorsalseite wie früher, die unpaare Zelle *α II*. Rostral von dieser sucht sich die bisher linksseitig gelegene Zelle *λ II* unter Zerstörung des horizontalen T-Balkens *α I, α II*, in die Medianebene einzudrängen, wodurch die früher hier gelegene Zelle *α I* nach rechts vorn verdrängt wird, wo sie eine zu *λ I* annähernd symmetrische Lage erhält. Auf diese Weise wird schon auf diesem Stadium die Symmetrie des Embryo so ziemlich hergestellt. Denn indem nun von den 4 rechts- und den 4 linksseitigen primären Ektoplastzellen je eine (*α II* und *λ II*) in die Medianebene eingetreten ist, stehen sich die 3 anderen, wenn auch nicht in der Lage, so doch in der Zahl gleichwertig gegenüber.

Auf die Zelle *α I* folgt ventral die Zelle *mst*, hinter der bei der Ansicht von rechts ein Stück ihrer Schwesterzelle *μσι* hervorschaut.

Die Zellen *b I* und *b II*, die außer den aufgezählten bei der Betrachtung von rechts noch sichtbar sind, zeigen gegenüber dem Stadium der Fig. 14 keine wesentliche Verschiebung, und das Gleiche gilt für die nicht eingezeichneten linken Zellen. Ich übergehe daher eine genauere Beschreibung dieser Verhältnisse, um dann das nächste Stadium um so eingehender zu erläutern.

Was schließlich die Kerne anlangt, so sind die 8 primären Ektoblastzellen (gelb) sämtlich in Ruhe. Die beiden sekundären Ektoblastzellen *c* und γ enthalten Tochterplatten und Diminutionsbrocken; in den beiden Zellen *mst* und *μσι* sind kleine Kerne entstanden. Die rechte läßt noch ein ausnahmsweise lang erhaltenes Diminutionskorn erkennen. In der Stammzelle P_3 ist eine in der Medianebene gelegene Spindel mit 2 bandförmigen Chromosomen zu sehen. Eine wichtige Weiterbildung zeigt endlich die Urentoblastzelle *E*: sie enthält eine gleichfalls in die Medianebene fallende Spindel mit Tochterplatten — durch die Zelle *b II* hindurchscheinend — und daneben, wie *mst*, noch ein aus der gleichen Diminution stammendes Chromatinkorn.

Fig. 16a–d. Der Embryo ist in vier Ansichten gezeichnet, von rechts, von links, von der dorsalen und ventralen Seite. Es sind 15 Zellen vorhanden, die alle der gleichen Generation angehören, mit Ausnahme der Zelle P_4, welche um eine Teilung zurück ist. Auf diesem Stadium ist die in den früheren Stadien so stark hervortretende Asymmetrie wieder verschwunden, bis auf einige untergeordnete Nachwirkungen, die sich noch bis in viel spätere Stadien erhalten und durch die sich die rechte und linke Seite des Embryos noch lange in charakteristischer Weise unterscheiden [1]).

---

[1]) ZUR STRASSEN hat diese Asymmetrie von rechts und links noch bis in viel spätere Embryonalstadien verfolgt als ich, und es sogar wahrscheinlich machen können, daß gewisse Asymmetrien des ausgebildeten Tieres hierauf zurückzuführen sind (p. 100).

3

Es ist am zweckmäßigsten, zunächst wieder die Ansicht von rechts vorzunehmen und die hier sichtbaren Zellen mit denen der vorhergehenden Figur zu identifizieren. Der einzige bedeutendere Unterschied besteht darin, daß sich die Urentoblastzelle in 2 in der ventralen Mittellinie hintereinander gelegene Zellen *E I* und *E II* geteilt hat.

Um die gegenseitige Stellung der einzelnen Zellen zu erläutern, gehe ich wieder von denjenigen aus, die der Medianebene angehören oder sie von rechts und links berühren. Man überblickt diese Zellen am besten bei der kombinierten Betrachtung der Dorsal- und Ventralansicht (Fig. 16c und d). Genau ventral liegen hintereinander die beiden Entoblastzellen *E I* und *E II*, von denen die hintere etwas größer aussieht, was aber wohl nur durch ihre Form bedingt ist. An diese Zelle schließt sich nach hinten, gleichfalls unpaar, die Stammzelle III. Ordnung (P_3) an. Schon bei der ventralen, noch mehr aber bei der dorsalen Ansicht sieht man seitlich über die Stammzelle die beiden paarigen sekundären Ektoblastzellen *c* und *γ* hervorragen, die sich dorsal der Stammzelle anfügen. Damit sind wir auf der Rückenseite des Embryos angelangt, wo auf die Zellen *c* und *γ* wieder eine unpaare Zelle, die seit dem Stadium der Fig. 13 an dieser Stelle gelegene primäre Ektoblastzelle *a II* folgt. An diese schließt sich rostral abermals eine unpaare Zelle an, die primäre Ektoblastzelle *α II*, die ursprünglich — vergl. Fig. 13b — ganz linksseitig gelegen war, deren Eindringen in die Medianreihe sich aber schon in dem Stadium der Fig. 15 vorbereitete. An der rostralen Seite des Embryos liegen dann wieder 2 paarige Zellen, gleichfalls noch dem primären Ektoblast zugehörig, nämlich die Zellen *a I* und *α I*. Wo endlich die vordere Fläche des Embryos in die ventrale übergeht, finden wir die paarigen Urzellen des Mesoblastes und Stomatodäums *mst* und *μα*, die nach hinten an die vordere Entoblastzelle anstoßen.

Neben den aufgezählten 10 Zellen, welche entweder als unpaare Zellen der Medianreihe angehören oder als paarige in der Medianebene zusammenstoßen, bleiben nun jederseits noch 2 Zellen übrig, welche von der Medianebene abstehen: rechts die primären Ektoblastzellen *b I* und *b II*, links die entsprechenden Zellen *β I* und *β II*, deren Lagerung am besten aus den beiden Seitenansichten klar wird. Sie stehen auf beiden Seiten in ziemlich übereinstimmender Weise übereinander; der Hauptunterschied der beiden Seiten ist der, daß rechts die hier gelegene Zelle *mst* mit der Zelle *b I* in Berührung steht, während die linke Zelle *μα* von der entsprechenden Ektoblastzelle *β I* dadurch getrennt ist, daß sich die einander berührenden Zellen *α I* und *β II* dazwischenschieben. Oder anders ausgedrückt: in dem rechtsseitigen Zellenrhombus *b II, b I, a I, mst* berühren sich die Diagonalzellen *b I* und *mst*, in dem entsprechenden linken Rhombus *β II, β I, α I, μα* die Diagonalzellen *α I* und *β II*.

Diese konstante Differenz zwischen rechts und links hängt aber aufs engste mit der Art und Weise zusammen, wie die erreichte (unvollkommene) Symmetrie zustande gekommen ist. Wie wenig sie der ursprünglichen Symmetrie der Fig. 10 entspricht, geht am besten daraus hervor, daß die beiden Ektoblastzellen *α II* und *a II*, welche als unpaare Zellen in der dorsalen Medianlinie hintereinander stehen, ihrer Entstehung nach als paarige, einander entsprechende Zellen zu figurieren hätten, wie dies am deutlichsten aus Fig. 13b zu ersehen ist. Schon dort allerdings zeigt sich die Einleitung zu der späteren Hintereinanderstellung von *α II* und *a II*, und zugleich läßt uns der Embryo der Fig. 13 bereits erkennen, warum es auf unserem zuletzt betrachteten Stadium zu jener oben erwähnten kleinen, aber konstanten Asymmetrie kommen muß. Vergleicht man nämlich in Fig. 13a den rechten Zellenkomplex *a I, a II, b* mit dem linken (durchscheinenden) *α I, α II, β*, so ergibt sich, daß die Teilungsachse von *b* mit der Verbindungslinie von *a I* und *a II* einen Winkel bildet, der sich einem Rechten annähert, wogegen der Winkel der Teilungsachse von *β* [1]) mit der Verbindungslinie von *α I* und *α II* so spitz ist, daß die beiden Linien

---

1) Aus Fig. 13b zu ersehen.

als annähernd parallel bezeichnet werden dürfen. Diese Stellungsverhältnisse müssen aber, wenn nun *b* und *j* sich geteilt haben, dazu führen, daß die 4 rechten Zellen *a I, a II, b I, b II* eine T-Figur miteinander bilden [vergl. Fig. 14, 15, 16a[1])], wogegen sich für die 4 linken Zellen *x I, x II, β I, β II* die Gruppierung zu einem Rhombus mit Berührung der Zellen *x I* und *β I* notwendig ergiebt. Dieser Unterschied aber ist es im Grunde, der die Verschiedenheiten der beiden Embryonalhälften bedingt.

Wenn ich die Konfiguration der zuletzt betrachteten Stadien und ihre Asymmetrie im Vorstehenden aus den Teilungsrichtungen erklärt habe, so ist nun andererseits zu betonen, daß darin aufs unzweideutigste auch die Wirkungen der Oberflächenspannung zum Ausdruck kommen. Formt man sich die einzelnen Blastomeren, wie sie das Stadium der Fig. 16 zusammensetzen, als Thonkugeln und fügt sie nun entsprechend zusammen, so kann man sich leicht überzeugen, daß in diesem Stadium eine Gleichgewichtslage erreicht ist. Ohne Zweifel eine Folge des Oberflächengesetzes ist hierbei die Lagerung der beiden Zellen *mst* und *μστ*. Ich habe oben angegeben, daß dieselben in der Medianebene zusammenstoßen. Dies ist jedoch nicht genau richtig. Stets sind sie etwas nach rechts verschoben (Fig. 16d), was zur Folge hat, daß bei der Ansicht von rechts auch die linke Zelle *μστ* eine Strecke weit sichtbar ist (Fig. 15, 16a und 17). Es hängt dies damit zusammen, daß diese beiden paarigen Zellen mit den dorsal von ihnen gelegenen Zellen *a I* und *x I* nach dem Oberflächengesetz einen Rhombus bilden müssen, dessen Anordnung einigermaßen aus Fig. 16d zu ersehen ist. Daß dabei stets die Zelle *μστ* nach vorn und mehr in die Medianebene zu liegen kommt, dies erklärt sich so, daß sich bei der Teilung von *M St* (Fig. 14) die noch ziemlich median gelegene Zelle *a I* zwischen die Tochterzellen *mst* und *μστ* einkeilt, während *x II* nach links verlagert bleibt. So müssen sich in dem Zellenrhombus *a I, x I, mst, μστ* von Anfang an stets *a I* und *μ* berühren, woraus bei der definitiven Gruppierung die Verschiebung der dunkelblauen Zellen nach rechts notwendig folgt[2]).

Ueber die Kernverhältnisse ist folgendes zu sagen: In der Stammzelle *P₃* besteht die Teilungsfigur noch unverändert fort. Die beiden Entoblastzellen zeigen, als kürzlich aus der Teilung hervorgegangen, noch kleine, linsenförmige Kerne. In einem etwas vorgeschritteneren Zustand befinden sich die Kerne von *mst* und *μστ* und der sekundären Ektoblastzellen *c* und *γ*. In den beiden letzteren sind Diminutionsbrocken sichtbar. Die primären Ektoblastzellen sind größtenteils in Vorbereitung zur Teilung und lassen zum Teil durch die Stellung der Spindel schon die Teilungsrichtung erkennen.

———

1) In Fig. 15 und 16 ist allerdings der quere T-Balken bereits auseinandergerissen.

2) ZUR STRASSEN hat die Frage, inwieweit die Oberflächenspannung bei der Gestaltung der fraglichen Stadien eine Rolle spielt, gleichfalls erörtert und kommt dabei zu dem Resultat, daß man bei den Zellgruppierungen, wie sie zwischen dem Stadium meiner Fig. 12 und dem der Fig. 16 aufeinander folgen, zwei Perioden unterscheiden müsse. Die erste, welche ungefähr mit dem Stadium meiner Fig. 14 beendigt sei, stelle sich dar als beherrscht und vollkommen erklärbar durch die Gesetze der Oberflächenspannung, die weiteren Umlagerungen aber, wie sie hauptsächlich in dem Eindringen der Zelle *x II* zwischen *a I* und *a II* zum Ausdruck kommen (Fig. 15 und 16), müßten durch andere Kräfte bewirkt sein. Ganz einwandsfrei scheint mir jedoch die Beweisführung ZUR STRASSEN's in diesem Punkte nicht zu sein. Wenn er sagt (p. 49), das spätere Stadium entspreche dem Prinzip der kleinsten Flächen viel schlechter als das frühere, so wäre dies freilich ein Moment, welches für das Zustandekommen dieses späteren Stadiums besondere Kräfte fordern würde. Allein wenn ich die Stadien meiner Fig. 15 und 16 betrachte und in Modellen darstelle, so finde ich, wie oben schon gesagt, daß dieselben den PLATEAU'schen Gesetzen aufs beste entsprechen. Wohl ist auch in dem Stadium der Fig. 14 ein gewisser Gleichgewichtszustand erreicht; allein man betrachte dieses Stadium von der Dorsal- oder Ventralseite (am besten an einem Modell), so hat es eine verzogene Form, welche dem Oberflächengesetz entschieden weniger entspricht als die mehr kugelige Form des Stadiums der Fig. 16. Um sich dies klar zu machen, scheint mir nichts geeigneter, als das Stadium der Fig. 14 aus Thonkugeln zu modellieren, dann den Zusammenhang von *a I* und *a II* zu lösen und *a II* dazwischenzuschieben. Das Modell lehrt dann weiterhin, daß es gerade die Zelle *x II* ist, welche als die am meisten prominierende nach innen drängen muß, und daß diesem Streben am besten durch die Trennung von *a I* und *a II* genügt wird. Ich halte es also für möglich, daß die ganze Umlagerung bis zum Stadium der Fig. 16 ohne die Annahme besonderer anziehender oder abstoßender Kräfte zwischen bestimmten Zellen erklärbar ist.

3*

Ich schalte hier eine Besprechung der Resultate von HALLEZ über die bisher betrachteten Furchungsstadien ein. Bis ungefähr zum Stadium meiner Fig. 14 bin ich imstande, seine Figuren mit den meinigen zu identifizieren, was insofern nicht ohne Wert ist, als HALLEZ die Entwickelung im Leben, großenteils durch successive Beobachtung an einem und demselben Embryo verfolgt hat. Ich habe oben schon erwähnt, daß HALLEZ zwar die Zelle S_1 (seine Zelle 1) als reine Ektoblastzelle richtig erkannt hat, daß er dagegen aus der Zelle P_1 irrtümlicherweise nur Ektoblast und Mesoblast hervorgehen läßt. Die Richtigkeit seiner Beobachtungen wird durch diese Deutung zunächst nicht geschädigt. Bis zum Stadium von 12 Zellen giebt er die Zellen-Genealogie in völlig zutreffender Weise an. Seine Fig. 27 entspricht meiner Fig. 9, seine Fig. 28 meiner Fig. 10a, Fig. 32 ungefähr meiner Fig. 11a, Fig. 33· 44 meiner Fig. 12a, Fig. 45—46 meiner Fig. 13, Fig. 47—49 meiner Fig. 14.

Alle diese genannten Figuren bei HALLEZ zeigen den Embryo von der rechten Seite, jedoch ein wenig von vorn und oben.

Vom Stadium mit 12 Zellen an beginnen, was bei der Beobachtung von ausschließlich lebendem Material kaum zu vermeiden war, HALLEZ' Irrtümer. Die Besonderheit und Bedeutung der „Stammzellen" mußte ihm, da sie ja nur an ihren Kernen als solche kenntlich sind, entgehen. Meine Zelle P_3 hält er neben E (seiner e) für eine Entoblastzelle; sie führt bei ihm die Bezeichnung e'. Außer der Zelle MSt (seiner m) sieht er auch die Ursomazelle III. Ordnung $SIII$ (seine m') für eine Mesoblastzelle an. Die wichtige transversale Teilung von MSt und C hat er übersehen; so erklärt sich die ohne Zweifel irrtümliche Deutung seiner Fig. 51. Weiter führt ihn nun aber dieses Versehen zu der Meinung, daß die Zelle C (seine m') als linke Mesoblastzelle auf die linke Seite, die Zelle M (seine m) als rechte Mesoblastzelle auf die rechte Seite des Entoblastes rücke, und damit ist eine Verwirrung geschaffen, welche für alle folgenden Furchungsstadien eine richtige Feststellung der Wertigkeit der einzelnen Zellen ausschließt. Wie die Bilder, durch die HALLEZ seine Angaben zu illustrieren sucht, etwa umzudeuten seien, dies zu eruieren, habe ich mich nicht bemüht.

Fig. 17 giebt in der Ansicht von rechts einen Embryo wieder, der in manchen Punkten hinter dem der Fig. 16, ja sogar hinter dem der Fig. 15 zurückgeblieben ist, in anderen dagegen einen Fortschritt gegenüber dem letztbesprochenen erkennen läßt. Er kann sonach als ein Beispiel dienen für die beträchtlichen Verschiedenheiten in der Teilungsfolge der einzelnen Embryonalzellen; daß dies eine ganz normale Erscheinung ist, läßt sich im Leben leicht feststellen.

Wir finden in Fig. 17 noch eine einfache Entoblastzelle (E) mit fertiger Spindel; die paarigen Zellen mst und $\mu\sigma\tau$ und die sekundären Ektoblastzellen c und γ sind eben erst aus der Teilung hervorgegangen Die Stammzelle P_3 ist noch in dem gleichen Zustand wie in Fig. 15 und 16. Dagegen haben sich die primären Ektoblastzellen von 8 auf 12 vermehrt. bI ist in eine vordere und hintere Zelle (bI_1 und bI_2) geteilt, desgleichen bII in bII_1 und bII_2. Die 4 Zellen unter sich bilden wieder annähernd den charakteristischen Rhombus, wobei, wie schon nach der Stellung der Teilungsfiguren in Fig. 16a zu erwarten war, die Diagonalzellen bI_2 und bII_1 sich berühren. Ganz symmetrisch hierzu sind auf der nicht dargestellten linken Seite des Embryos die Zellen βI_1, βI_2, βII_1 und βII_2 entstanden. Die in der Dorsalfläche gelegenen unpaaren Ektoblastzellen αII und aII weisen Spindeln auf (durch bI_1 und bI_2 hindurchschimmernd), die in die Medianebene fallen. In den symmetrischen Zellen aI und αI endlich finden sich Spindeln, deren Achsen zur Medianebene annähernd parallel stehen.

So ist also in diesem Embryo, der aus 20 Zellen besteht, keine Zelle in Ruhe: überall sind Teilungsfiguren, entweder mit Aequatorialplatten oder mit Tochterplatten.

Ich möchte an dieser Stelle eine Einschaltung machen über eine Eigentümlichkeit in der bisherigen Entwickelung, die bis in die zuletzt betrachteten Stadien zu beobachten ist, hier aber ihr Ende erreicht.

Betrachtet man einen Embryo vom Stadium der Fig. 12 von der rechten Seite (Fig. 12a), so kann man durch die Mittelpunkte der Zellen a und b und zwischen P_3 und E hindurch eine Ebene legen, welche - zur Medianebene senkrecht stehend — den Embryo in symmetrische Stücke teilt: ein vorderes etwas ventral, ein hinteres etwas dorsal gerichtetes. Ich bezeichne diese Symmetrie kurz als rostri-caudale Symmetrie oder Symmetrie von vorn und hinten; dieselbe ist, wenn man die histologische Wertigkeit der einzelnen Zellen außer Betracht läßt, ganz ebenso groß wie die von links und rechts. S_3 ist symmetrisch zu MSt, P_3 zu E, a und b sind mit Rücksicht auf unsere Symmetrieebene unpaare Zellen, die in ihren Teilungsachsen gleichfalls der in Rede stehenden Symmetrie folgen, indem die Spindelachse in a zu unserer transversalen Symmetrieebene senkrecht steht, die von b mit ihr zusammenfällt.

In der umstehenden Textfigur IIa (p. 406) ist dieses auffallende Verhalten ausgedrückt. Eine Vergleichung mit Fig. 12a lehrt, daß das Diagramm nur wenig schematisch ist.

In der linken Hälfte des Embryos ist die rostri-caudale Symmetrie insofern gestört, als die Zelle a nach den für die Ineinanderfügung der Zellen bestimmenden Gesetzen nicht in der transversalen Symmetrieebene Platz hat, sondern rostral verschoben ist (Fig. IIb und c). Dieselbe Zelle also, welche die bilaterale Symmetrie stört, macht auch die rostri-caudale zu einer unvollkommenen.

Diese Symmetrie von vorn und hinten bleibt nun für eine Anzahl der folgenden Teilungsschritte bestehen, der Art, daß die zu unserer Transversalebene symmetrisch gelagerten Zellen sich symmetrisch weiter teilen. Wir wollen dies durch Betrachtung des Embryos von der rechten Seite verfolgen. a liefert (Fig. IIIa) 2 zu unserer Ebene symmetrische Zellen aI und aII. b teilt sich in die unpaaren Zellen bI und bII. Die einander gegenüberstehenden Zellen C und MSt teilen sich ganz symmetrisch in c und γ bezw. in mst und $\mu\sigma\tau$ (Fig. IVa). Die einander entsprechenden Zellen P_3 und E zerfallen symmetrisch in S_4 und P_4, bezw. EI und EII (Fig. V)[1]. Endlich teilen sich die unpaaren Zellen bI und bII je in 2 symmetrische Zellen (bI_1 und bI_2, bezw. bII_1 und bII_2 (Fig. V). Auf der linken Seite des Embryos finden ganz entsprechende Teilungen statt. Allein wie in Fig. IIb die Zelle a zu unserer Transversalebene asymmetrisch steht, so macht sich nun ein Gleiches bei ihren Tochterzellen aI und aII bemerkbar (Fig. IIIb). Diese 2 Zellen, die sich in gleicher Höhe in der rostri-caudalen Symmetrieebene berühren sollten, bilden in ihrer Verbindungslinie zu derselben einen Winkel und sind stark nach vorn verschoben. Sie beeinflussen mechanisch durch diese den Oberflächengesetzen folgende Lagerung auch diejenige von βI, welche genau über ihrer Schwesterzelle βII stehen sollte. Sehr merkwürdig ist nun hierbei, daß trotz dieser — ich möchte sagen: genealogischen — Asymmetrie doch auch die linke Seite des Embryos auf diesem Stadium in Bezug auf die Lagerung der Zellen rostri-caudal symmetrisch ist, ein Zustand, der freilich alsbald wieder verschwindet. Sehr schön tritt dieser Symmetriezustand aus der Ansicht von der Dorsalseite hervor (Fig. IIIc), welche zugleich erkennen läßt, wie hochgradig zu dieser Zeit die bilaterale Symmetrie gestört ist. Würden die Zellen aI, aII, βI, βII ihrer Genealogie entsprechend symmetrisch angeordnet sein, so wäre damit auch die bilaterale Symmetrie gegeben.

Wie geht nun die Symmetrie zwischen Vorn und Hinten verloren? Die Antwort lautet: durch die Art und Weise, in welcher der Embryo aus der bestehenden hochgradigen bilateralen Asymmetrie zu einer möglichst strengen Symmetrie zurückkehrt. Indem er nämlich hierbei nicht dem Zustand der Fig. VI zustrebt, sondern durch Hintereinanderstellung von aII und aII eine sozusagen gefälschte Bilateralität

---

[1] Diese in Fig. 17 eingeleitete Teilung ist in Fig. 18 (Taf. III) vollzogen.

Fig. II.

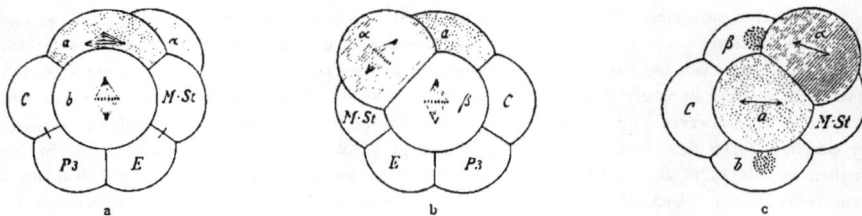

a   b   c

Fig. III.

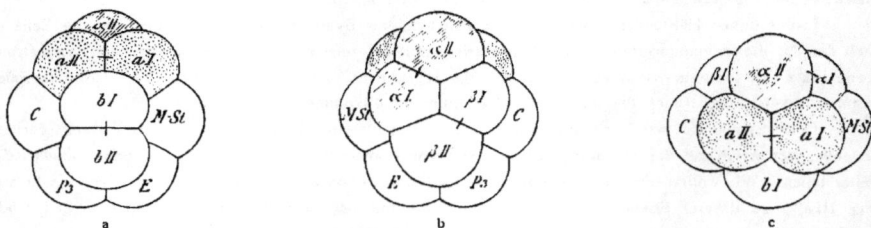

a   b   c

Fig. IV.

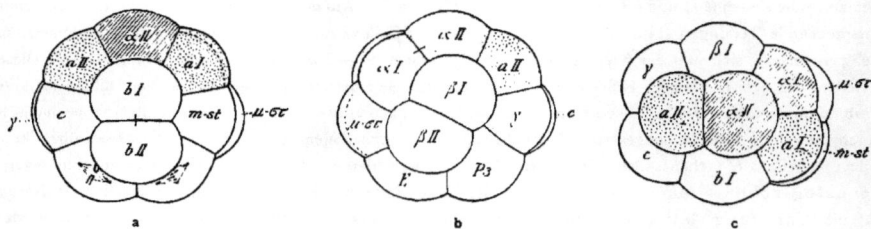

a   b   c

Fig. V.

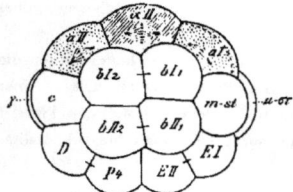

Fig. VI.

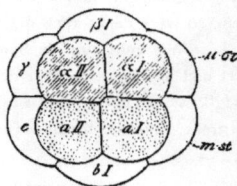

Die Textfiguren II—VI sind sämtlich gegenüber den entsprechenden Tafelfiguren um ihre Transversalachse um etwa 30° gedreht. In Fig. II‑IV zeigt *a* den Embryo von rechts, *b* von links, *c* von der Dorsalseite. Fig. V stellt den Embryo von rechts dar. Fig. VI ist eine der Fig. IV *c* entsprechende Dorsalansicht, wie sie aussehen müßte, wenn die bilaterale Symmetrie auch genealogisch vollkommen sein sollte.

gewinnt, wird dadurch, wie am besten die Dorsalansicht Fig. IV c lehrt, die Symmetrie zwischen Vorn und Hinten definitiv zerstört. Denn der Zelle *a II* hinten stehen vorn 2 der gleichen Generation angehörige Zellen: *a I* und *x I* gegenüber.

In den Seitenansichten (Fig. IV a und b, Fig. V) tritt diese Störung der rostri-caudalen Symmetrie dadurch, daß *a I* und *x I* sich decken, zunächst kaum hervor. Sie ist trotz ihrer anfänglichen Unscheinbarkeit der erste Schritt zu der nun rasch sich steigernden Differenz des rostralen und caudalen Embryonalbereiches. Denn obgleich die nun folgenden Teilungen von *a I* und *a II*, *x I* und *x II*, genealogisch genommen, in der rostralen und caudalen Zelle symmetrisch verlaufen, indem sämtliche Spindelachsen in der Richtung von vorn nach hinten orientiert sind, können diese Teilungen infolge der Stellung, welche die 4 Zellen zu einander eingenommen haben, doch die Asymmetrie nur erhöhen. Dadurch müssen auch die vorn und hinten angrenzenden Zellen in verschiedener Weise in ihrer Lagerung beeinflußt werden. So scheint mir der Umstand, daß die Zellen *c* und *y* dorsal an eine unpaare Zelle (*a II*), die Zellen *mst* und *µσt* hier an die paarigen Zellen *a I* und *x I* angelehnt sind, mitbestimmend zu sein für die kurz darauf eintretende Erscheinung, daß die Schwesterzellen *mst* und *µσt* durch die sich eindrängenden Abkömmlinge von *a I* und *x I* auseinandergetrieben und zu beiden Seiten des Entoblastes nach rückwärts geschoben werden, während die Zellen *c* und *y*, welche jenen in der rostri-caudalen Symmetrie entsprechen, vereinigt bleiben.

Obgleich ich die genaue Analyse der Zellengenealogie noch um einige Stadien weitergeführt habe, nämlich bis zu Embryonen, wie dem in Fig. 22 dargestellten (entsprechend ungefähr den Fig. 26, 27 und 28 von ZUR STRASSEN), beschränke ich mich darauf, unter Verweisung auf die ungemein sorgfältige und allseitige Analyse ZUR STRASSEN's, die folgenden Entwickelungsvorgänge nur kurz zu besprechen und meine Resultate mit denen des genannten Forschers zu vergleichen.

Fig. 18. Der Embryo, aus 24 Zellen bestehend, entspricht ungefähr den von ZUR STRASSEN in Fig. 16b und 17c abgebildeten. Er schließt sich aufs engste an die Stadien meiner Fig. 16 und 17 an und zeigt als wesentlichsten Fortschritt die Teilung der Stammzelle *P₃* in die Stammzelle *P₄* und in die Ursomazelle *S₁* (*D*), aus welcher ektoblastische Zellen (tertiärer Ektoblast) hervorgehen.

Fig. 19 zeigt einen in Bezug auf die Zellenzahl gleichen Embryo, in *a* von der rechten Seite, in *b* in ventraler Ansicht. Es hat eine gewisse Umordnung der Zellen stattgefunden, von denen die wichtigste die ist, daß die Schwesterzellen *mst* und *µσt* auseinandergewichen und links und rechts von den Entoblastzellen nach hinten gerückt sind, ein Vorgang, wie er in ähnlicher Weise durch ZUR STRASSEN's Fig. 15 und 17a illustriert wird, nur mit dem Unterschied, daß in meinem Falle hierbei der Zusammenhang der genannten beiden Zellen mit *a I₁* vorübergehend vollkommen gelöst wird.

Fig. 20 zeigt — im Vergleich zu den Beobachtungen von ZUR STRASSEN auffallend spät — die Teilung der Zelle *mst* in die hintere Zelle *m* (rotblau) und die vordere *st* (grünblau). Ganz entsprechend teilt sich auf der linken Seite *µσt* in *µ* und *στ*. Damit ist eine wichtige Scheidung vollzogen, indem die Schicksale der jederseits vorderen und hinteren Zelle ganz verschiedene sind; die beiden hinteren Zellen sind, wie ZUR STRASSEN zuerst erkannt hat, die Urmesoblastzellen, die vorderen sind als ektoblastische Elemente zu betrachten, und zwar beteiligen sie sich in erster Linie an der Bildung des Stomatodäums, sie mögen daher kurz als Stomatoblasten bezeichnet werden.

Fig. 21. Der Embryo ist in a von der rechten Seite dargestellt, in b von der Ventralseite, letztere Ansicht entspricht einigermaßen der Fig. 21a von ZUR STRASSEN, während erstere seiner Fig. 21d am nächsten steht. Die Mesoblasten und Stomatoblasten sind annähernd symmetrisch aufgestellt, dazwischen befinden sich die Entoblastzellen in transversaler Teilung, die hintere bereits durchgeschnürt, die vordere mit den in definitiver Stellung befindlichen Teilungspolen, derart, daß der rechte nach vorn verschoben ist, was der späteren Rhombengruppierung der 4 Zellen entspricht. Es bestätigt dies die von zur Strassen (p. 69) ausgesprochene Ansicht, daß nicht mechanische Verhältnisse die Orientierung des Rhombus sekundär bedingen.

Von den übrigen Teilungen seien noch die der sekundären Ektoblastzellen c und γ erwähnt, in je 2 hinter- und übereinander gelegene Zellen; in Fig. 21 ist erst die Teilung von c vollzogen. Sehr bemerkenswert ist schon in diesem Stadium die Ueberlagerung der beiden hinteren Entoblastzellen durch die Zelle P_4, der erste Schritt zur Ueberwachsung des Entoblastes.

Fig. 22. Der Embryo ist in a von rechts, in c von der Ventralseite, in b im optischen Medianschnitt, in d in einem optischen Querschnitt dargestellt, welcher durch die beiden Urmesoblastzellen geht. Fig. 22a entspricht, besonders in Bezug auf die Verhältnisse der primären Ektoblastzellen, fast genau der Fig. 26d von zur Strassen, Fig. 22b seiner Fig. 27, Fig. 22c seiner Fig. 26a. Gehen wir von der Ventralansicht aus, so haben wir in der Mitte die 4 Entoblastzellen rhombisch geordnet, wobei stets die beiden rechten nach vorn verschoben sind. Die beiden hinteren Entoblastzellen sind zum großen Teil durch die Zelle P_4 verdeckt, außerdem beginnen sich von den Seiten her die Mesoblasten und besonders die Stomatoblasten herüberzulagern. — Die 4 von MSt abstammenden Zellen sind in verschiedenen Stadien der Teilung, wobei in bemerkenswerter Weise die vorderen den hinteren und die rechten den linken voraus sind. Wir finden den rechten Stomatoblasten bereits in Durchschnürung, den rechten Mesoblasten mit fertiger Teilungsfigur, während im linken Stomatoblasten die Spindel erst in Bildung begriffen, im linken Mesoblasten noch nicht einmal angelegt ist. — Die Ursomazelle D ist in Vorbereitung zu transversaler Teilung, ihre Aequatorialplatte liegt in der Medianebene und läßt bei seitlicher Ansicht des Embryos die centrale Scheibe kleiner Chromosomen und peripher 2 große Brocken erkennen, von denen jeder aus 2 abgestoßenen Schleifenenden zusammengesetzt ist. Auch P_4 ist in — ausnahmsweise früher — Vorbereitung zur Teilung; sie wird sich, wie die Stellung der Pole schon erkennen läßt, in 2 hintereinander gelegene Zellen teilen.

Fig. 23. Der Embryo ist in den gleichen vier Ansichten dargestellt wie der der Fig. 23. Er ist etwas jünger als der in zur Strassen's Fig. 30 abgebildete. Abgesehen von der Vermehrung der primären Ektoblastzellen, die ich von diesem Stadium an nicht mehr genealogisch verfolgt habe, ist der Anschluß an Fig. 22 ein sehr enger. Jederseits von den 4 unveränderten Entoblastzellen findet sich nun eine Reihe von 4 Zellen, die — nach zur Strassen's treffendem Ausdruck — zusammen mit einer der primären Ektoblastzellen eine Art Spitzbogen formieren. Hier verhalten sich nun die beiden Seiten im Teilungsrhythmus ganz symmetrisch, aber auch hier sind die Stomatoblasten den Mesoblasten etwas voraus, freilich bei weitem nicht so viel, wie an dem von zur Strassen untersuchten Material.

Fig. 24 a und b zeigen auf einem Median- und einem Horizontalschnitt die eigentümliche Stellung der Spindeln in den 4 sich zur Teilung anschickenden Entoblastzellen.

Fig. 25, den Embryo von der Ventralseite, im optischen Querschnitt und von hinten darstellend, entspricht in der Hauptsache zur Strassen's Fig. 30. Entoblast, Mesoblasten und Stomatoblasten haben im wesentlichen die Anordnung der Fig. 23 bewahrt. Daß besonders die Mesoblastzellen in der ventralen Ansicht viel kleiner aussehen als in Fig. 23, rührt von ihrer aus Vergleichung der Querschnitte Fig. 23c und 25b ersichtlichen Formveränderung her, die mit der Verlagerung in die Tiefe zusammenhängt. Die beiden vorderen Stomatoblasten, vorher durch eine der primären Ektoblastzellen voneinander getrennt, stoßen nunmehr direkt aneinander (vergl. zur STRASSEN, p. 74). — Die Ursomazelle *D* hat sich in die symmetrischen Zellen *d* und *δ* geteilt, die Stammzelle *P₄* bereitet sich zur Teilung in eine vordere und hintere Zelle vor. — Endlich sei noch ein Blick auf die Abkömmlinge der Ursomazelle *C* geworfen. Wir hatten dieselben noch in Fig. 23 als 4 am hinteren Dorsalrande des Embryos stehende Zellen getroffen. In dem Stadium der Fig. 25 haben sie sich auf 8 vermehrt, deren Anordnung aus der Caudalansicht gut zu ersehen ist. Dieselbe entspricht einigermaßen dem von zur STRASSEN in Fig. 29 gegebenen Bild, wenn auch die Gruppierung, wohl infolge der weniger weit vorgeschrittenen Teilung der primären Ektoblastzellen, eine wesentlich andere ist. Wie bei zur STRASSEN bilden die Abkömmlinge der symmetrischen Zellen *cII* und *γII* (es sind die beiden ventral gelegenen) eine Querreihe von 4 Zellen, *cII₁*, *cII₂*, *γII₁*, *γII₂*. Dies sind die „Bauchzellen" von zur STRASSEN. Die beiden dorsalen Zellen *cI* und *γI* dagegen teilen sich in eine vordere und hintere, bezw. obere und untere Zelle, so daß ein Rhombus *cI₁*, *cI₂*, *γI₁*, *γI₂* entsteht, an dem noch, wie schon zur STRASSEN betont hat, bemerkenswert ist, daß die beiden hinteren unteren Zellen kleiner sind als die oberen. Uebrigens scheinen mir auch die mittleren Bauchzellen entschieden kleiner zu sein als die lateralen.

Ich komme nun an die Stelle, an welcher ich bei meinen früheren Untersuchungen in einen Irrtum verfallen war, indem ich nämlich glaubte, daß die 4 Zellen, welche in Fig. 25 jederseits den Entoblast flankieren, als Mesoblast in die Tiefe verlagert würden. Ich hielt sie für identisch mit den 4 Zellen, welche in Fig. 28a den Mesoblaststreifen zusammensetzen. Wohl beobachtete ich Fälle, wo auf jeder Seite nur zwei Mesoblastzellen ins Innere treten; allein für diese Fälle nahm ich an, daß dies die noch ungeteilten Zellen *m, st, μ* und *σt* (Fig. 22c) seien, die dann erst nach ihrer Versenkung den vierzelligen Streifen liefern würden. Dieser Irrtum führte natürlich dazu, daß ich die Zellen *st* und *σt*, bezw. ihre Abkömmlinge, das eine Mal mit zum Mesoblast, das andere Mal zu den primären Ektoblastzellen rechnete, und dieser Umstand brachte mich zu der weiteren irrtümlichen Annahme, daß in den späteren Teilungen der primären Ektoblastzellen und in der Art, wie dieselben sich an dem Verschluß des Urmundes beteiligen, eine große Regellosigkeit bestehe, so daß ich von einer weiteren Analyse der Genealogie dieser Zellenkappe Abstand nehmen mußte. Offenbar unter dem Einfluß meiner Angaben ist ZOJA dem gleichen Irrtum unterlegen. Obgleich er (25, p. 237) den thatsächlichen Verlauf als eine Möglichkeit in Erwägung zieht, weist er ihn doch ab.

ZUR STRASSEN hat die Verhältnisse zuerst richtig dargestellt. Von dem aus 8 Zellen gebildeten Spitzbogen treten jederseits nur die 2 hinteren: *mI* und *mII*, *μI* und *μII*, als Mesoblastzellen in die Tiefe, die beiden vorderen schließen sich den primären Ektoblastzellen an, um, wenigstens zum Teil, das Stomatodäum zu liefern. Ich habe ein Stadium dieses Vorganges in der (neuen) **Fig. 26** gegeben, das als eine Ergänzung zu ZUR STRASSEN's Fig. 31a dienen kann. Der Anschluß an Fig. 25a ist ein sehr enger. Die sekundären und tertiären Ektoblastzellen verhalten sich wie dort. Erwähnenswert ist, daß eine aus der Diminution dieser letzteren Zellen stammende Chromatinkugel zwischen den klaffenden Schwesterzellen *d* und *δ* zu finden ist, eine Erscheinung, die ich nicht selten beobachtet habe. Die Stammzelle *P₄* hat sich in *P₅* und *S₅* (karminrot) geteilt. Die Entoblastzellen, nur zum Teil sichtbar, haben sich auf 7 vermehrt, die beiden Mesoblasten jeder Seite sind im Begriff, in die Tiefe zu treten, indem sich besonders die vordere an dem angrenzenden Stomatoblasten nach innen geschoben hat und von ihm überlagert wird. Der Vorgang verläuft ganz in der Weise, wie ihn ZUR STRASSEN beschrieben hat. Nur ein Unterschied zwischen seinen und meinen Befunden ist namhaft zu machen. Zur Strassen findet, daß die Stomatoblasten den Meso- blasten stets erheblich in der Teilung vorauseilen, so daß auf einem Stadium, wo die beiden Mesoblasten in die Tiefe treten, bereits 4 Stomatoblasten gebildet sind. Meine Fig. 26 lehrt, daß dies nicht immer der Fall ist. Hier hat sich die rechte vordere Mesoblastzelle als erste von allen 8 Zellen zur Teilung vorbereitet, sie enthält 2 eben gebildete Tochterplatten, alle anderen Zellen sind noch in Ruhe.

Fig. 27 giebt einen optischen Durchschnitt durch ein ähnliches Stadium. Dem Entoblast angeschmiegt sieht man die eben aus der Teilung hervorgegangene Zelle P_5 mit 2 Tochterschleifen.

Fig. 28. Der Embryo, in b von der Bauchseite, in a in einem horizontalen und in c im Querschnitt dargestellt, entspricht fast genau dem letzten von zur Strassen analysierten Stadium, wie eine Vergleichung der Ventralansicht mit Fig. 34a dieses Autors sofort erkennen läßt. Die wichtigsten Fortschritte liegen in der Vermehrung der tertiären Ektoblastzellen, der Stomatoblasten und der Mesoblasten. Die ersteren haben sich auf 4 vermehrt, welche in einer queren Reihe oder richtiger: in einem nach vorn offenen Bogen angeordnet sind. Die nur ganz oberflächliche Berührung zwischen dI und dII zeigt, daß sich die Teilung erst vor kurzem vollzogen hat. Die Stomatoblasten haben sich auf 8 vermehrt, und ihre Anordnung stimmt ganz frappant mit der in zur Strassen's Fig. 34a überein. Mein Embryo ist insofern etwas mehr vorgeschritten, als die gegenseitige Berührung der Zellen stI_2 und arI_2, von welcher zur Strassen spricht, die aber in seiner Fig. 34a noch nicht zustande gekommen ist, sich hier vollzogen hat. Genau wie bei zur Strassen berührt sich der rechte Stomatoblaststreifen hinten mit dem tertiären Ektoblast, während links eine Lücke besteht. Auch die Annäherung der Zelle $arII_2$ an P_5 ist beiden Abbildungen gemeinsam. — Der optische Horizontalschnitt zeigt den aus 8 Zellen zusammengesetzten Entoblast und den nun ganz in die Tiefe verlagerten, jederseits aus 4 Zellen bestehenden Mesoblast, auf der linken Seite nach kürzlich erfolgter Teilung, wobei, wie im Stadium der Fig. 26, die vordere Zelle sich als die raschere erweist.

———

Während bis zu diesem Punkt nunmehr zwischen zur Strassen und mir volle Einhelligkeit besteht, kommt nun eine Differenz bezüglich der Generation der 2 definitiven Stammzellen, der sogen. Urgeschlechtszellen. Ich hatte schon früher angegeben, daß dieselben der VII. Generation angehören. Nach zur Strassen und Zoja dagegen, die in diesem Punkte übereinstimmen, gehören sie der VI. Generation an, sind also in den beiden schon im Stadium der Fig. 26 gebildeten Zellen gegeben. Eine weitere Diminution und ursprüngliche Teilung würden nicht stattfinden. Ich erwähne zunächst, daß ich diese Frage, als ich ihr zuerst näher trat, ganz so entschied wie zur Strassen und Zoja. Allein die Bilder, die ich in Fig. 29 und 30 gebe, veranlaßten mich zu der ausgesprochenen Behauptung, an der ich auch heute noch, wenigstens für gewisse Fälle, festhalte. Es wird genügen, **Fig. 29** etwas genauer zu analysieren, wobei ich gleich die Interpretation gebe, die der Embryo nach meiner Meinung verlangt. Die Bauchansicht (Fig. 29a) ist mit der der Fig. 28 ziemlich ähnlich. Innerhalb des noch aus den gleichen 8 Zellen bestehenden Stomatoblastenbogens blickt man auf den versenkten Entoblast. Hinten wird der Urmund begrenzt von einer Zelle mit längsgestellter Spindel und (abnormerweise) 3 Schleifen. Ich betrachte sie als die im vorigen Stadium ruhende Stammzelle P_4. Hinter dieser hatten wir in Fig. 28 eine zweite ruhende Zelle mit ursprünglichem Kern, die Zelle S_5. Sie fehlt in Fig. 29a, dagegen finden wir zu beiden Seiten von P_5 und etwas nach hinten 2 große Zellen (f und φ), die ich als Tochterzellen von S_5 ansehen zu müssen glaube. Hinter ihnen folgt eine Querreihe von 4 Zellen wie in Fig. 28, der tertiäre Ektoblast, hinter diesem zeigen sich die sekundären Ektoblastzellen, davon die 2 mittleren Bauchzellen in Vorbereitung zur Teilung. Der Medianschnitt (Fig. 29b) und ein Querschnitt in der Region der in Teilung begriffenen Stammzelle (Fig. 29c) sind ohne weiteres verständlich.

Es fragt sich nun: läßt sich den aufgeführten Zellen eine andere Deutung geben? Wenn die in Fig. 29 sich zur Teilung vorbereitende Stammzelle nicht das ist, wofür ich sie halte, so muß sie identisch sein mit der in Fig. 25, ja bereits in Fig. 22 zur Teilung schreitenden Zelle P_4. Man vergleiche nun diese Figuren mit Fig. 29, man stelle Fig. 22b neben Fig. 29b, oder Fig. 25b neben Fig. 29c, oder Fig. 22c, bezw. 25a, neben Fig. 29a, so wird schon die große Differenz der Stadien den Gedanken an eine Identität der Zelle P_5 der Fig. 29 mit P_4 der anderen Figuren ausschließen müssen. Im übrigen aber, welche Deutung sollten die hinter P_5 gelegenen Zellen der Fig. 29 finden? Man könnte daran denken, die Zellen f und φ mit den Zellen d und δ der früheren Figuren zu identifizieren, wobei allerdings schon ihre Lagerung abnorm wäre, indem sie sonst stets in der Medianebene in Berührung bleiben. Allein bei dieser Deutung, welche überhaupt mit der Gesamtzellenzahl und dem ganzen Stadium sehr wenig harmonieren würde, blieben im Caudalbereich des Embryos viel mehr Zellen übrig, als auf die Ursomazelle C zurückgeführt werden können. Wollte man aber die 4 Zellen f, dII, δII, φ der Fig. 29 mit den 4 Zellen dI, dII, δII, δI der Fig. 28 identifizieren, so müßte, abgesehen von anderen Schwierigkeiten, die gemeinsame Großmutterzelle D dieser 4 Zellen die Schwesterzelle von P_6 gewesen sein, was eine sehr inäquale Teilung ihrer Mutterzelle, der Zelle P_3 voraussetzen würde, die nach meinen und allen sonstigen Erfahrungen nicht vorkommt.

Meine Deutung der Fig. 29 wäre sofort bewiesen, wenn sich die Zellen f und φ mit Sicherheit aus einer Teilung herleiten ließen, welche zwischen dem Stadium der Fig. 28 und dem der Fig. 29 als eine transversale sich vollziehen und unter den charakteristischen Diminutionserscheinungen verlaufen würde. Diese Teilung, die in meiner schematischen Fig. 2 (9) gezeichnet ist, habe ich nicht beobachtet. Einen Einwand gegen meine Auffassung bildet jedoch dieser negative Befund nicht. Denn selbst unter riesigem Material kommt es vor, daß die Teilung gewisser Zellen nicht aufzufinden ist, wie mir z. B. von der Teilung der 4 Entoblastzellen unter zahllosen Präparaten nur der eine in Fig. 24 dargestellte Fall vorgekommen ist. Bedenklicher könnte scheinen, daß ich in dem Embryo der Fig. 29 auch keine Diminutionskörner mehr beobachtet habe. Daß diese jedoch unter Umständen sehr rasch verschwinden, zeigt z. B. Fig. 25, wo in den erst vor kurzem gebildeten Zellen c und γ nur noch ein sehr kleines Diminutionskorn nachweisbar ist. Im übrigen aber wird diese Lücke durch den Embryo der **Fig. 30** ausgefüllt, der sich sehr eng an den der Fig. 29 anschließt und das, was dieser zeigt, aufs beste ergänzt. Er ist fast in jeder Beziehung etwa vorgeschritten, und dem entspricht, daß wir an Stelle der in Fig. 29 noch ungeteilten Zelle P_5 2 soeben gebildete hintereinander gelegene Schwesterzellen mit je 2 Schleifen finden. An die hintere von beiden schließen sich, ganz entsprechend der Fig. 29, 2 Zellen f und φ an, die durch die eigentümlichen keilförmigen Fortsätze, welche sie gegen die Medianebene schicken, entschieden die Vermutung bestärken, daß sie als Schwesterzellen, die sich in der Medianebene berührt haben, zur Seite geschoben worden sind. In der Lücke zwischen beiden finden sich 2 relativ große Diminutionskörner, die meiner Ansicht nach nicht anders als durch eine bei der Entstehung der Zellen f und φ vollzogene Diminution zu erklären sind. Denn von den aus der Diminution von D stammenden Chromatinresten ist schon im Stadium der Fig. 28 nichts mehr zu erkennen. Endlich mache ich noch auf die Kleinheit der Urgeschlechtszellen in Fig. 31—33 aufmerksam. Sollten diese mit den beiden großkernigen Zellen der Fig. 26 und 28 identisch sein, so müßten sie eine ganz außerordentliche Verkleinerung erlitten haben.

4*

Es ist nun noch zu erwähnen, daß weder Zoja noch zur Strassen positive Beobachtungen mitgeteilt haben, welche meinen Befunden widersprechen. Zoja's letzte Stadien (Fig. 35 38) entsprechen ungefähr meiner Fig. 28. Seine Fig. 35, das letzte Bild, welches die Stammzellen zeigt, ist sogar erheblich jünger. Auch zur Strassen's genaue Analyse der Zellengenealogie (Fig. 34, 35, 36) geht nicht weiter als bis zu einem Stadium, welches meiner Fig. 28 entspricht. Daß er hier noch 2 ruhende Zellen findet, die mit meinen Zellen P_5 und S_8 identisch sind, stimmt mit meinen Erfahrungen völlig überein. Die Teilung auf die es ankommt, vollzieht sich, wie meine Fig. 29 und 30 lehren, später[1]), auf einem Stadium, von welchem zur Strassen keine vollständigen Embryonen mehr abbildet. Es kommen hier nur noch seine Fig. 37 und 39 in Betracht, welche über die Generation der abgebildeten großkernigen Zellen kein sicheres Urteil gestatten. Es scheint mir keineswegs zweifellos zu sein, daß die Zellen, die zur Strassen in Fig. 37 als G_1 und G_2 bezeichnet, mit den so benannten Zellen in Fig. 35 identisch sind, und ebensowenig dürfte als bewiesen anzusehen sein, daß die Zellen $IIB_1 \beta Ia$ und $IIB_1 \beta Ib$, bezw. die ihnen symmetrischen Zellen mit den so bezeichneten Zellen der Fig. 34 identisch sind. Das Bild der Fig. 37 läßt sich nach dem, was es zeigt, ohne Zwang so deuten, daß die Zellen $IIB_1 \beta Ib$ und $IIB_1 \beta Ib$ meinen Zellen f und φ entsprechen und daß die Zellen G_1 und G_2 dieser Figur die Tochterzellen von G_1 der Fig. 34 sind.

Im übrigen ist die Möglichkeit offen zu lassen, daß hier Variationen bestehen, ja daß gerade die von mir beobachteten Fälle Ausnahmen sind. Nur sind sie immerhin positive Beobachtungen, gegenüber denen die negativen von Zoja und zur Strassen erst dann ein Gewicht beanspruchen können, wenn die Analyse der in Frage stehenden Zellen bis mindestens zum Stadium der Fig. 30 und 31 eine so sichere ist, daß die Indentität der beiden Stammzellen mit den auf dem Stadium der Fig. 28 vorliegenden zweifellos ist.

———

In **Fig. 31—33** habe ich noch 3 Embryonen abgebildet, welche vor allem die Bildung des Stomatodäums und die Verlagerung der Urgeschlechtszellen ins Innere demonstrieren sollen. In Fig. 29 zeigt sich zwischen den Stomatoblasten und der Zelle P_5 eine ungefähr dreieckige Lücke, durch welche man den Entoblast erblickt; in Fig. 30 ist diese Oeffnung, die als Urmund zu bezeichnen ist, kleiner geworden, aber noch in Fig. 31 ist der Blastoporus als eine kleine dreieckige Oeffnung nachweisbar. Daß der Urmund so lange besteht, ist nicht konstant, und ich kann die Richtigkeit der Angabe von Zoja, der schon im Stadium der Fig. 28 den Urmund geschlossen findet, für einige Fälle bestätigen. In dem Embryo der Fig. 30 haben sich die Stomatoblasten vermehrt, doch wage ich nicht, sie im Einzelnen auf die 8 Zellen der Fig. 29 zurückzuführen. Schon hier macht sich eine gewisse Einziehung bemerkbar, die im Stadium der Fig. 31, wo eine weitere sehr erhebliche Vermehrung der Zellen stattgefunden hat, zur Bildung einer vor den Urgeschlechtszellen gelegenen Mulde geführt hat, deren Tiefe aus Fig. 31 e ersichtlich ist. Diese Einsenkung ist die Anlage des Stomatodäums. Aus einer Vergleichung der Abbildungen ergibt sich, daß die eingezogene Oberfläche des Embryos ungefähr dem Bereich entspricht, der auf früheren Stadien von den 8 „Stomatoblasten" eingenommen wurde. Betrachtet man jedoch die schließliche tiefe Einstülpung, wie sie in Fig. 33 zu sehen ist, so wird man entschieden zu der Annahme gedrängt, daß in die Bildung ihrer Wand auch ein Teil der primären Ektoblastzellen mit eingeht. — Wie

———

1) Das Stadium, wo die Urgeschlechtszellen meiner Auffassung soeben gebildet sind, zeigt von der Bauchseite 82 Zellen das letzte Stadium zur Strassen's (Fig. 34a) nur 51 Zellen.

Fig. 31 c und d zeigen, ist die Bauchseite des Embryos auch im Bereich der Urgeschlechtszellen, die nun vollkommen in der Kontinuität des Ektoblastes liegen, zu einer flachen Mulde eingezogen, die sich vorn kontinuierlich in die Stomatodäumbucht fortsetzt. Diese Einziehung hat einen viel höheren Grad in dem Stadium der Fig. 32 erreicht. Der Blastoporus ist vollständig geschlossen, die Urgeschlechtszellen sind rings von Entoblastzellen umgeben. Die Bauchseite des Embryos zeigt eine tiefe Rinne, die hinten allmählich beginnt, im vorderen Drittel des Körpers sehr tief wird und vorn mit steilem Rand endigt. Wie die optischen Querschnitte lehren, ist diese Rinne hinten im Bereich der Urgeschlechtszellen etwas breiter, vorn wird sie, besonders in der Tiefe, zu einem engen Spalt. Die Einziehung im Bereich der Urgeschlechtszellen führt allmählich zu deren Versenkung. Dieser Prozeß ist sehr klar aus dem optischen Querschnitt Fig. 32 b zu ersehen. Schon hier beginnen sich von beiden Seiten her die Ektoblastzellen über die Urgeschlechtszellen hinwegzuschieben, und dies geht weiter, bis schließlich die linken und rechten Randzellen in der ventralen Mittellinie zur Berührung kommen. Bei diesem Vorgang wird die vordere Urgeschlechtszelle gewöhnlich tiefer in die Darmanlage hineingedrängt als die hintere, so daß später die in Fig. 33 a gezeichnete Lage erreicht wird. Hier sind die Urgeschlechtszellen vollständig ins Innere verlagert, der Ektoblast zieht glatt darüber hinweg. Gleichzeitig hat sich auch das Stomatodäum wesentlich verändert, indem nach der Versenkung der Urgeschlechtszellen eine hintere Lippe gebildet worden ist, die den ursprünglich von vorn nach hinten weiten Spalt bis auf eine kleine Oeffnung, den Mund (Fig. 33 a und d), verschließt. Der Hohlraum des Stomatodäums ist, wie früher, seitlich sehr stark komprimiert, ja in manchen Fällen ist kaum ein Lumen wahrnehmbar.

Erwähnenswert ist die in Fig. 33 a und d sichtbare Ektoblastverdickung im Bereich des Stomatodäums, derart, daß hier die Zellen eine Strecke weit in 2 Schichten angeordnet sind. Diese Verdickung wird später noch auffallender, um sich dann mit der Streckung des Körpers allmählich wieder mehr zu verlieren. Was sie zu bedeuten hat, ist mir unklar geblieben, wenn es auch wahrscheinlich ist, daß sie mit der Bildung des Centralnervensystems in Beziehung steht. — Eine sehr eigentümliche Anschauung hat zur Strassen an diese Ektoblastverdickung geknüpft. Er behauptet nämlich, daß die Abkömmlinge der Zelle C (seiner II B₃), die in den Stadien, welche eine Verfolgung der Genealogie gestatten, nur einen ziemlich kleinen Bereich der Körperoberfläche einnehmen, später immer weiter nach vorn drängen und allem Anschein nach zuletzt den ganzen primären Ektoblast, das sind die Abkömmlinge der Zelle A B, umwachsen und ins Innere schieben. Selbst wenn sich ein so merkwürdiger Vorgang, wie der hier angenommene, sollte nachweisen lassen, dürfte daraus kaum die Berechtigung abzuleiten sein, meine Angabe, daß sowohl die Zelle A B, wie die Zelle C ektodermale (ektoblastische) Elemente liefern, als einen Irrtum zu bezeichnen, wie es zur Strassen in seiner vorläufigen Mitteilung (20) gethan hat. Wendet er ja doch in seiner ausführlichen Arbeit für die Abkömmlinge der beiden genannten Zellen auch seinerseits die Ausdrücke „primäres" und „sekundäres Ektoderm" an. Sodann aber kann ich an meinen Präparaten keinen Anhaltspunkt finden, welcher zu dem von zur Strassen gezogenen Schluß berechtigen würde. Denn die Annahme, daß diejenigen Ektoblastzellen, welche sich jeweils stärker färben, die Abkömmlinge von AB, die mit hellem, durchsichtigem Plasma Abkömmlinge von C seien, erscheint mir ganz willkürlich, wobei noch zu bemerken ist, daß beide Arten von Zellen durch alle Abstufungen ohne Grenze ineinander übergehen und daß an manchen Embryonen der besagte Unterschied überhaupt nicht hervortritt. Es mag richtig sein, daß die Nachkommen von C in den späteren Stadien einen relativ beträchtlicheren Anteil an der Bildung der Oberfläche des Embryos nehmen als früher; wenigstens scheint mir, wie oben schon erwähnt, daß zur Bildung des mächtigen Stomatodäums Abkömmlinge der Zelle AB Verwendung finden und also der Oberfläche entzogen werden. Allein dies ist ja nicht zur Strassen's Meinung; nach ihm sind es "gewisse Organe des Kopfabschnittes" (p. 95) mit Ausnahme des Stomatodäums, welche aus den Nachkommen von *AB* stammen. Wenn ich nun an einem bereits spiralig sich krümmenden *Ascaris*-Embryo die Elemente betrachte, die sich zwischen der oberflächlichen Zellschicht des Körpers und dem Stomatodäum im Kopfabschnitt finden, so muß ich es für unmöglich halten, daß diese Zellen, die an Masse einen kleinen Bruchteil des Embryos ausmachen, aus der Zelle *AB*, d. h. aus der größeren Hälfte des Eies stammen, während alles übrige: die Körperbedeckung, der Darm, der Mesoblast, das Stomatodäum und die Anlage der Geschlechtsdrüsen aus der kleineren Hälfte des Eies entstehen würde. Ich glaube, daß schon dieser Hinweis genügt, um darzuthun, daß sich zur Strassen mit seiner Auffassung dieser Verhältnisse geirrt haben muß.

Schließlich mögen hier noch einige Bemerkungen über die Gastrulation Platz finden. In meiner Mitteilung vom Jahre 1892 habe ich hierüber gesagt (p. 117, Anmerkung): „Die Gastrulation erfolgt nicht, wie Hallez angegeben hat, durch Invagination, sondern durch eine Art Epibolie. Die 4 Entoblastzellen, jederseits flankiert von 4 einreihig aufgestellten Mesoblastzellen, bilden den centralen Bereich der ventralen Blastulawandung, und dieser Komplex von 12 Zellen wird als Ganzes ohne wesentliche Formveränderung in die Tiefe der Furchungshöhle versenkt, worauf die Ektoblastränder von hinten, von den Seiten und zuletzt von vorn über dieser Entomesoblastscheibe zusammenwachsen, bis eine lückenlose Ektoblastwand hergestellt ist."

Diese Darstellung ist, wie aus der obigen Schilderung hervorgeht, insofern irrtümlich, als ich auch die Stomatoblasten für Mesoblasten gehalten und also geglaubt hatte, daß sie mit in die Tiefe träten. Nun wissen wir seit zur Strassen, daß diese Zellen an der Oberfläche (im Ektoblast) verbleiben, und so ergiebt es sich (Fig. 25a, 26, 28b), daß gerade sie sehr erheblich bei der Ueberwachsung der Entomesoblastplatte mitwirken. Am hinteren Rand sind an dieser Ueberwachsung die Abkömmlinge von *D*, *F* und die Urgeschlechtszellen beteiligt. Endlich spielt die Umformung der von den Abkömmlingen von *AB* gebildeten Ektoblasthaube eine wichtige Rolle.

Als ersten Anfang der Gastrulation könnte man vielleicht schon die Abplattung der Bauchseite ansehen, wie sie in Fig. 22 besteht. Dann erfolgt zunächst eine Ueberwachsung von hinten, indem sich (Fig. 23) die Zelle P_4 über die hinteren Entoblastzellen nach vorn schiebt, worauf auch die Zellen *d* und *δ* (Fig. 24 und 25) mehr an die Ventralseite rücken. Ein weiterer wichtiger Schritt ist die Lösung des einschichtig epithelialen Zusammenhanges zwischen dem Entomesoblast und den Stomatoblasten, wobei ersterer in die Tiefe gedrängt wird (Fig. 26). Will man auf einem Stadium, wie dem der Fig. 26, von einem Urmund sprechen, so hat derselbe eine höchst unregelmäßige Form; an seiner Umgrenzung sind die primären und tertiären Ektoblastzellen, die Stomatoblasten, sowie die Zellen P_5 und S_5 beteiligt. Bei der weiteren Vermehrung der tertiären Ektoblastzellen und der Stomatoblasten werden die primären Ektoblastzellen immer mehr von dem Rand des Urmundes ausgeschlossen (Fig. 28b und 29a). Trotzdem ist ihr Anteil an der Gastrulation ein höchst wesentlicher, indem die seitliche Umschließung des Entomesoblastes hauptsächlich auf der Umformung beruht, welche die von den genannten Zellen gebildete Haube erleidet. Diese Formveränderung ist am besten aus den optischen Querschnitten Fig. 22d, 23c, 25b, 27, 28c und 29c zu ersehen. Ursprünglich nur einen ziemlich flachen Deckel darstellend (Fig. 22d), krümmt sich dieser Komplex

unter Vermehrung seiner Zellen zu einer immer tieferen Rinne (Fig. 23 c, 25 b), in welche die Entoblast-
und Mesoblastzellen versinken (Fig. 27, 28 c).

Der ganze Vorgang läßt sich sonach dahin zusammenfassen, daß die Entomesoblastplatte gegenüber
allen Zellen, an die sie angrenzt, den einschichtigen Anschluß aufgiebt, um in die Furchungshöhle zu
gleiten, worauf die Ränder über der versenkten Platte allmählich zusammenschließen. Daß dieser Gastru-
lationsmodus als „Epibolie" bezeichnet werden muß, ist zweifellos, und wenn zur STRASSEN sich gegen
diese von mir gebrauchte Bezeichnung wendet und es für richtiger hält (p. 68), den Vorgang als Invagination aufzufassen, so beruht dies wohl nur darauf, daß er unter Gastrulation etwas ganz anderes
versteht als ich. Nach zur STRASSEN ist nämlich auf einem Stadium, wie ich es in Fig. 22 gezeichnet
habe, die Gastrulation im wesentlichen beendigt. Nach meiner Auffassung kann man dieses Stadium wohl
als eine beginnende Gastrula ansehen; unter „Gastrulation" aber verstehe ich — und ich denke
hiermit die allgemeine Auffassung zu vertreten — den Prozeß, durch welchen gewisse Zellen, die dadurch
zu Ento-, bezw. Mesoblastzellen werden, ins Innere verlagert und von den zurückbleibenden, nun als Ektoblastzellen zu bezeichnenden, umschlossen werden. Dieser Vorgang beruht aber bei *Ascaris*, wie auch aus
zur STRASSEN's Angaben hervorgeht, nicht auf einer Invagination, sondern darauf, daß die Zellen, welche
die Entomesoblastplatte umgeben, an ihr und über ihr hinweggleiten.

V. Der Vorgang der Chromatindiminution.

Zur richtigen Würdigung des Diminutionsvorganges ist es notwendig, zunächst die Beschaffenheit
und Teilungsart der ursprünglichen bandförmigen Chromosomen, wie sie in der ersten Furchungsspindel
und weiterhin bei den Teilungen aller Stammzellen vorliegen, ins Auge zu fassen. Ich will ein solches
Chromosom kurz als generatives bezeichnen, im Gegensatz zu den somatischen Chromosomen, die
durch den Zerfall des mittleren Teiles des Bandes entstehen.

Das generative Chromosom des befruchteten Eies und der Stammzellen ist ein Gebilde, dessen
Querschnitt nicht überall gleichwertig ist; vielmehr verhalten sich die beiden Enden schon in ihren
Dimensionen anders als die Mitte. Sie sind angeschwollen, oft so stark, daß man sie als keulenförmig
bezeichnen kann. Ich verweise hierzu auf meine frühere Darstellung (6). Allerdings muß bemerkt werden,
daß bei verschiedenen Individuen diese Anschwellungen in sehr verschiedener Stärke ausgebildet sein
können, und da hierfür kaum die Konservierung verantwortlich gemacht werden kann, wird man von
individuellen Variationen sprechen müssen; vielleicht handelt es sich um Kontraktionsunterschiede.

Es ist beachtenswert, daß diese Differenz zwischen der Mitte und den Enden an den Chromosomen
der Ovogonien und Ovocyten, desgleichen in der Spermatogenese nicht hervortritt. Erst an den Chromosomen der ersten Furchungsspindel wird sie nachweisbar.

Die Diminution, die aufs engste an diese Ausbildung anknüpft, läßt kaum einen Zweifel, daß jedes
Chromosom verschiedenwertige Bestandteile enthält: in der Mitte andere als in den Enden. Eine
weitere Stütze erhält diese Auffassung durch die eigentümliche Beschaffenheit der ruhenden Kerne, die aus
solchen Chromosomen ihre Entstehung nehmen. Auch diese Verhältnisse habe ich früher (6) ausführlich
erörtert. Die Chromosomenenden bewahren dauernd ihre Selbständigkeit, sie bleiben in den charakteristischen
Kernfortsätzen kenntlich, deren in typischen Fällen so viele vorhanden sind als Schleifenenden. Bei der
Vorbereitung zur nächsten Teilung geht dann aus jedem Kernfortsatz wieder ein Schleifenende hervor,
wobei es als fast sicher bezeichnet werden kann, daß nicht nur je zwei früher verbundene Enden wieder in

einem Chromosom vereinigt werden, sondern daß auch das Mittelstück das gleiche ist. Denn man könnte sonst kaum verstehen, wie in den Fällen, wo ein Ei von *bivalens* durch ein Spermatozoon von *univalens* befruchtet war, bei welcher Varietät die Chromosomen in der Regel kleiner sind als bei *bivalens*, auch in späteren Teilungen noch das eine der 3 Chromosomen beträchtlich kleiner gefunden wird als die beiden anderen (vergl. ZOJA, 24). Die sonst wohl mögliche Vorstellung, daß ein einheitlicher von einem Ende zum anderen gleich gebauter „Kernfaden" sich durch Auftreten von Rißstellen in eine bestimmte Anzahl Stücke segmentiere, ist hier ausgeschlossen; es besteht offenbar im Gerüst des ruhenden Kerns jedes Chromosom als ein selbständiger Bezirk mit symmetrischer Struktur fort.

Die Verschiedenheit zwischen der Mitte und den Enden des generativen Chromosoms macht sich nun auch bei der Teilung bemerkbar. Der mittlere dünne Abschnitt scheint mit der Längsspaltung rascher fertig zu sein als die Enden; jedenfalls finden sich die Schwesterfäden fast stets in ihrem mittleren Bereich weit auseinandergezogen, während die Enden noch aneinander haften. So kommt eine von allen Autoren beschriebene Tonnenform zustande (vergl. z. B. Fig. 3 und 4), bezüglich deren Bildung ich zu meinen früheren Angaben eine Ergänzung hinzufügen möchte. Ich hatte früher gefunden, daß in der fertigen Aequatorialplatte jede Schleife bis an ihr äußerstes Ende von Spindelfasern besetzt ist, während VAN BENEDEN und NEYT angeben, daß an den Enden die Spindelfasern schwächer entwickelt sind oder ganz fehlen. Bei meinen seitherigen Untersuchungen, welche mich überhaupt eine recht weitgehende Variabilität in allen karyokinetischen Phänomenen des *Ascaris*-Eies kennen gelehrt haben, sind mir nun viele Fälle vorgekommen, welche die Angabe von VAN BENEDEN und NEYT bestätigen; besonders bei der Varietät *univalens* scheint es die Regel zu sein, daß die Zugfasern kaum über die Stelle, wo die Verdickung der Chromosomen beginnt, wo also bei der Diminution die Abstoßung stattfindet, hinausreichen. Wenn ich sonach auch für die früher von mir beschriebenen Fälle an der Erklärung festhalten muß, daß die aus den Tochterplatten gegen den Aequator abbiegenden Fadenenden lediglich Verlängerungen der ursprünglichen Schleifenenden sind, so kommt jedenfalls für die zuletzt genannten Fälle — und dahin gehören die auf Taf. I, Fig. 1—5 abgebildeten — vor allem eine Abbiegung der nicht direkt gezogenen Endabschnitte der Schwesterfäden gegen den Aequator in Betracht. Dazu kann sich dann weiterhin auch noch eine mehr oder weniger beträchtliche Dehnung gesellen, die, wenn der Zug von der Gegenseite aufhört, wieder zurückgeht. Diese Verhältnisse werden bei der Beurteilung der Diminutionserscheinungen von Bedeutung sein.

Ehe ich zur Schilderung derselben übergehe, muß ich nun noch auf eine Angabe VOM RATH's (17) zu sprechen kommen, der, im Gegensatz zu allen anderen Autoren, im Ei von *Ascaris megalocephala* das Vorkommen von doppelwertigen Elementen und also einer „heterotypischen" Teilung[1]) beobachtet haben will. Es soll nach VOM RATH nicht selten vorkommen, daß man bei der Varietät *bivalens* in der Furchungsspindel anstatt 4 nur zwei winkelig gebogene Chromosomen findet, indem je 2 primäre Elemente so aneinander gefügt seien, daß der Schleifenwinkel die Verklebungsstelle repräsentiere, ohne daß jedoch an dieser Stelle irgend eine Abgrenzung bemerkbar ist. Da sich die Teilung als Längsspaltung vollzieht, so wäre, möchte man glauben, der Effekt nicht wesentlich anders als bei dem typischen Verlauf; allein das primäre Chromosom müßte einen anderen Bau besitzen als gewöhnlich. Während es typischerweise symmetrisch gestaltet und beiderseits angeschwollen ist, würde es in den Fällen von VOM RATH ein verdicktes und ein dünnes Ende besitzen; es wäre an der Stelle, wo es mit dem

---

[1]) Hinsichtlich dessen, was VOM RATH über meine Ablehnung des Ausdruckes „heterotypisch" für die Teilung im *Ascaris*-Ei sagt, sei nur erwähnt, daß dieser Autor zuerst meinen Standpunkt, daß die *Ascaris*-Mitose eine ganz typische Mitose sei, bekämpft, um schließlich zu dem Resultat zu gelangen, daß alles, was bis auf ihn bei *Ascaris* beobachtet worden ist, thatsächlich nach dem Schema der typischen Mitose verläuft.

anderen zusammenstößt, gerade am schmächtigsten (vergl. vom Rath's Fig. 7). Und da der symmetrische Bau der Chromosomen so charakteristisch und bei der Diminution so wichtig ist, so würden die Fälle vom Rath's eine wesentliche Abweichung von dem normalen Verhalten bedeuten.

Betrachtet man nun die sehr schematischen Bilder, die dieser Autor veröffentlicht hat, so sehen die angeblich doppelwertigen Chromosomen genau so aus, wie sonst einfache. Denn was vom Rath für seine heterotype Teilung als specifisch ansieht: die Stellung der Chromosomen in seiner Fig. 7 und die knopfförmigen Anschwellungen an den noch vereinigten Enden der Schwesterfäden, ist es keineswegs. Bei jeder Teilung können die winkelig gebogenen Chromosomen vor Ausbildung der Aequatorialplatte so liegen, daß der eine Schenkel dem einen, der andere dem anderen Pol zugekehrt ist, und bezüglich des zweiten Punktes sei nur auf Fig. 18 und 19 bei Herla hingewiesen, welche Bilder beweisen, daß jene knopfartigen Anschwellungen an sicher einwertigen Chromosomen vorkommen. Ich halte es demnach für kaum zweifelhaft, daß wir in allen Bildern vom Rath's zwei typische einwertige Chromosomen vor uns haben. Daß es nur zwei sind, ist wahrscheinlich so zu erklären, daß dem Autor Schnitte vorgelegen haben, wo die beiden anderen weggeschnitten waren, was natürlich oft vorkommt, oder daß er Eier von *univalens* für solche von *bivalens* gehalten hat, was ich selbst angesichts seiner Abbildungen nicht für völlig ausgeschlossen halte.

———— —

Wenn ich nunmehr zur Betrachtung des Diminutionsvorganges übergehe, so bemerke ich vor allem, daß eine genaue Feststellung des Verlaufes nur bei jener Diminution möglich ist, die sich in der Zelle *AB* vollzieht. Denn sowohl bei der so häufig vorkommenden verspäteten Somatisierung des primären Ektoblastes (in den Tochterzellen von *AB*) als auch in allen späteren Ursomazellen geht die Abstoßung von Chromatin und die Umformung des zurückbleibenden Restes schon während der Vorbereitung des Kernes zur Teilung von statten, auf einem Stadium, wo sich die einzelnen Schleifen noch nicht verfolgen lassen. Nur bei der Diminution in der Zelle *AB* erfolgt der Zerfall erst, nachdem die schleifenförmigen Chromosomen bereits zur Aequatorialplatte angeordnet sind; nur hier also läßt sich das Verhältnis der einzelnen Stücke zu der ursprünglichen Schleife genau bestimmen. Ich halte mich deshalb bei der folgenden Darstellung zunächst lediglich an die Vorgänge, die sich in der Zelle *AB* beobachten lassen.

Die ersten unzweifelhaften Unterbrechungen des färbbaren Chromosomenbestandteiles, die ich gefunden habe, sind in Fig. 1 (Taf. I) und 38 Taf. VI) wiedergegeben. Die beiden Fälle lehren, in wie variabler Weise der Vorgang beginnen kann. Das erstere Bild ist schon p. 391 genauer besprochen worden; das andere zeigt in höchst regelmäßiger Weise die verdickten Enden eines jeden Chromosoms abgetrennt und daneben aus dem dünnen Bereich jederseits noch ein kleines Korn zur Selbständigkeit gelangt, welches wahrscheinlich als ein somatisches Chromosom anzusehen ist. Denn wenn auch bei der Varietät *bivalens* die abgestoßenen Enden nicht selten von Anfang an in kleinere Stücke zerfallen, von denen einzelne die somatischen Chromosomen nur wenig an Größe übertreffen, so habe ich doch bei *univalens* einen solchen frühzeitigen Zerfall des zur Auflösung bestimmten Chromatins niemals beobachtet.

Andere — spätere — Stadien zeigen dann den mittleren Abschnitt des Bandes in immer mehr Stücke zerlegt, bis deren Länge den Querdurchmesser nicht mehr übertrifft. Diese bei polarer Ansicht der Spindel annähernd kreisförmig erscheinenden Stücke sind die somatischen Chromosomen. In Fig. 2b (Taf. I)

5

ist dieser Zustand fast erreicht; doch sind hier noch einzelne längere Fadenstückchen zu unterscheiden, die ohne Zweifel noch zerfallen würden.

Stets finde ich bei der Diminution in der Zelle AB die somatischen Chromosomen und die abgestoßenen Enden so aneinander gereiht, daß der Verlauf der beiden ursprünglichen Chromosomen aufs klarste zu verfolgen ist. Diese Erscheinung kann kaum anders als dadurch erklärt werden, daß die einzelnen Chromatinstücke noch eine Zeit lang durch eine nicht färbbare und darum nicht nachweisbare Substanz verbunden bleiben. Dieses Verhalten ist von Bedeutung für die Frage, wie sich die Teilung der einzelnen somatischen Chromosomen zu der des generativen Elements verhält. Nachdem dank jenem Vereinigtbleiben jedes somatische Chromosom als ein bestimmter Abschnitt des Bandes identifiziert werden kann, welcher genau die Stellung beibehält, die er in dem Band eingenommen hat, ergeben Bilder, wie das der Fig. 2a mit voller Sicherheit, daß die quere Spaltung der somatischen Chromosomen der Längsspaltung des generativen Chromosoms entspricht. Daß dies nicht nur eine äußerliche Uebereinstimmung ist, sondern daß es sich in beiden Fällen um eine Chromatinzerlegung von wesentlich gleicher Art handeln muß, geht aber daraus hervor, daß bei der Kernteilung in der Zelle AB sehr häufig noch keine Spur von einem Zerfall der Chromosomen bemerkbar ist, indem derselbe erst in den Zellen A und B beginnt, während in anderen Fällen, die gleichfalls nicht selten sind, die Chromatinhalbierung in der Zelle AB auf einem Stadium vollzogen wird, wo das ursprüngliche Chromosom erst in einige wenige Stücke zerfallen ist.

Was nun die Schicksale der abgestoßenen Schleifenenden bei der Diminution in der Zelle AB anlangt, so bewahrt gewöhnlich — und für die Varietät *univalens* glaube ich dies sogar als ausnahmslos hinstellen zu dürfen — jedes Ende zunächst seine typische Form, seinen Zusammenhang und in höherem oder geringerem Grade die Fähigkeit zur Teilung (vergl. die Figuren der Taf. I, sowie Fig. 34—39, Taf. VI). So finden wir in Fig. 39 die 4 abgestoßenen und im Aequator liegen gebliebenen Enden in typischer Längsspaltung; Fig. 3 und 4, sowie Fig. 36 zeigen verschiedene Stadien des Auseinanderweichens ihrer Spalthälften, wobei, wie bei der Teilung des generativen Chromosoms, die äußersten Enden ihren Zusammenhang am längsten bewahren. In Fig. 37 sehen wir aus den vier abgeworfenen Enden 8 „Tochterelemente" gebildet, die ohne Zweifel in regulärer Weise auf die beiden Tochterzellen verteilt sind. Auch in Fig. 40 sind durch Längsspaltung der vier Enden 8 Stücke gebildet, von denen aber hier 6 in die eine, 2 in die andere Tochterzelle zu liegen gekommen sind. — So weit wie in diesen zuletzt besprochenen Fällen geht übrigens die Spaltung nach meinen Erfahrungen nur selten; sehr gewöhnlich dagegen sind die Fälle der Fig. 3 und 4, wo die Schwesterstücke im Aequator dauernd vereinigt bleiben und sich später, wenn die Zugwirkung der Karyokinese aufgehört hat, wieder zusammenballen. Endlich habe ich bei der Varietät *bivalens* einige Fälle beobachtet, wo — bei der Diminution in AB — an den abgelösten Enden überhaupt keine Spur von Längsspaltung bemerkbar war.

Diese großen Variationen erklären sich zum Teil daraus, daß in den einzelnen Fällen das aktive Vermögen der abgetrennten Schleifenenden, sich zu spalten, verschieden groß, unter Umständen völlig geschwunden ist, zum anderen Teil hängen sie ab von Verschiedenheiten in dem bewegenden Apparat. Es ist klar, daß es sich bei den verschiedenen Stellungen, welche die Spalthälften der Diminutionsstücke einnehmen, um Zugwirkungen handelt, wobei zweierlei Momente in Betracht kommen können: 1) daß die abgelösten Enden direkt von Zugfasern besetzt sind und durch diese auseinandergezogen werden, 2) daß sie von den somatischen Chromosomen noch nicht völlig losgelöst sind und bei deren Bewegung mitgezogen werden. Es scheint mir, daß beide Momente eine Rolle spielen. Daß der nicht völlig unterbrochene Zusammenhang der ursprünglichen Schleife in erster Linie daran beteiligt ist, schließe ich vor allem aus

Bildern, wie dem der Fig. 35 (Taf. VI), wo — bei *birulens* — die Spalthälften der Schleifenenden ihrerseits wieder in mehrere Segmente zerfallen erscheinen. Obgleich zwischen diesen ein Zusammenhang nicht nachweisbar ist, muß doch aus der Stellung dieser Stücke zu einander geschlossen werden, daß achromatische Brücken zwischen ihnen bestehen, so daß jedes distal gelegene von dem benachbarten proximalen nachgezogen wird. Ganz ebenso mögen die Spalthälften der nicht weiter zerfallenen Schleifenenden durch ihre noch nicht völlig gelöste Verbindung mit den somatischen Chromosomen bei deren Bewegung auseinandergezogen und mehr oder weniger weit gegen die Pole bewegt werden.

Andererseits konnte ich in vielen Fällen mit Sicherheit feststellen, daß sich Spindelfasern an die Diminutionsstücke anheften; hier werden ihre Spalthälften also in gleicher Weise bewegt, wie die Schwesterstücke normaler Chromosomen.

Je nach der Festigkeit, mit der die Spalthälften aneinander haften, und je nach der verschiedenen Ausbildung der besprochenen Verbindungen, besonders auch in Abhängigkeit davon, ob nach dem einen Pol eine festere Anheftung besteht als nach dem anderen, müssen die mannigfaltigsten Variationen auftreten, wie deren einige auf Tafel I und VI dargestellt sind.

Damit hätten wir die specifischen Erscheinungen bei der ersten Diminution, soweit dieselbe in der Zelle *AB* vor sich geht, kennen gelernt. Alle übrigen, mag es sich nun um die auf die Tochterzellen von *AB* verschobene erste Diminution oder um diejenigen in den späteren Ursomazellen handeln, sind dadurch abweichend, daß die Aequatorialplatte zwar auch die gleichen kleinen somatischen Chromosomen und die großen abgestoßenen Stücke aufweist, daß aber die charakteristische Gruppierung zu zwei (bezw. vier) einreihigen Fäden nicht besteht. Vielmehr liegen alle somatischen Chromosomen gleichmäßig verteilt in einer ungefähr kreisförmigen Platte, die von den Diminutionsstücken in verschiedener Weise umgeben wird (vergl. Fig. 42, Taf. VI; Fig. 14, Taf. II; Fig. 22 und 23, Taf. IV). Diese Konfiguration erklärt sich daraus, daß hier die Sonderung des Chromatins in diejenigen Teile, die dem Kern verbleiben, und diejenigen, die ausgestoßen werden sollen, nicht erst im Stadium der Aequatorialplatte, sondern bereits im bläschenförmigen Kern vor sich geht, wie aus Fig. 9 (Taf. I) ersichtlich ist. Während im Kern der Stammzelle P_2 die 2 generativen Chromosomen als kontinuierliche Fäden zu verfolgen sind, finden sich im Kern der ungefähr im gleichen Stadium befindlichen Ursomazelle *EMSt* kleine, noch unregelmäßige Chromatinstückchen — die in Bildung begriffenen somatischen Chromosomen — und die vier selbständigen Schleifenenden. Hier sind also, ehe die Wirkung der beiden Sphären auf das Chromatin beginnt, die einzelnen Stücke vollständig voneinander isoliert, jedes wird für sich in den Aequator befördert. Auch die Diminutionsstücke werden sehr häufig, und zwar an ihrem proximalen Ende, von Spindelfasern besetzt und in eine äquatoriale Lage gebracht (vergl. Fig. 42a, Taf. VI). Erwähnenswert ist hierbei der Umstand, daß die somatischen Chromosomen stets central liegen, während die Diminutionsstücke eine periphere Lage einnehmen. Es mag dies zum Teil daher rühren, daß sie schon von Anfang an eine mehr periphere Lage haben; auch ließe sich denken, daß sie als große und jedenfalls schwerer bewegliche Stücke erst spät im Aequator anlangen, nachdem der centrale Bereich bereits von den somatischen Chromosomen besetzt ist. Fälle, wie der in Fig. 11a (Taf. I) gezeichnete, dürften hierfür sprechen. Sehr gewöhnlich strecken sich die im Aequator angelangten Schleifenenden, nachdem sie vorher gekrümmt waren, ganz gerade und stellen sich mit ihrer Längsrichtung in die Aequatorialplatte ein (vergl. Fig. 11a). Eine Längsspaltung habe ich niemals an ihnen wahrgenommen. Dagegen kommt Zerfall in mehrere Stücke als Anfang der

Degeneration, bei *univalens* selten (Fig. 42, Taf. VI), bei *bivalens* dagegen fast immer vor, wie aus den Abbildungen von HERLA (15, Pl. XIX) zu ersehen ist. Diese oft sehr zahlreichen Diminutionskörner bleiben dann als ein unregelmäßiger Ring im Aequator liegen, während die aus den somatischen Chromosomen entstandenen Tochterplatten auseinanderrücken. Da nun aber die Diminutionskörner oder wenigstens ein Teil derselben gleichfalls von Spindelfasern besetzt sind, müssen diese Fädchen, wenn die Pole auseinanderweichen, gedehnt werden. Doch kann diese Dehnung offenbar einen gewissen Grad nicht überschreiten, und es tritt dann etwas anderes ein: erstens Annäherung der Diminutionskörner an die Spindelachse, zweitens entweder eine Verlängerung der Diminutionskörner, unter Umständen bis zum Durchreißen, oder ein Zerreißen, bezw. einseitiges Ablösen der Zugfasern. Das Detail dieser Vorgänge ist sehr schwer zu ermitteln. Die Annäherung der Diminutionskörner an die Spindelachse zwar ist leicht festzustellen, aber was dann weiter geschieht, läßt sich bei ihrer dichten Häufung nicht klar verfolgen. Sicher zu konstatieren ist, daß einzelne Stücke nach der einen oder anderen Richtung aus ihrer äquatorialen Lage herausrücken, wobei stets das nachfolgende Ende sich zu einer feinen Spitze auszieht. Vielleicht hängt dieser Vorgang bereits mit der Rückbildung der Spindelfasern zusammen, die wohl nicht auf beiden Seiten genau parallel geht, so daß die eine Seite das Uebergewicht erhält. In einigen Fällen konnte ich mit Sicherheit eine Dehnung der Diminutionskörner und Durchschnürung derselben beobachten. In den Endstadien macht sich mehr und mehr eine Krümmung oder Bewegung der dem Aequator zugekehrten Teile nach der Spindelachse bemerkbar, was wohl mit der Einschnürung des Zellkörpers zusammenhängt (vergl. die Figuren von HERLA). Es entspricht diese Konfiguration der Einschnürung der Verbindungsfasern. Zur Zeit, wo die somatischen Chromosomen zur Bildung des ruhenden Kernes schreiten, ist in der Regel der Aequator, d. h. die nun gebildete Trennungsfläche zwischen den beiden Tochterzellen, von Diminutionsstücken frei; sie sind auf die beiden Zellen in höchst variabler Weise verteilt, unter Umständen ganz regelmäßig, so daß jede Zelle ungefähr die Hälfte erhalten hat, aber in seltenen Fällen auch so, daß alle in die eine Zelle zu liegen kommen.

Aus einer Vergleichung der eben besprochenen Diminutionserscheinungen mit denen in der Zelle *A B* ergiebt sich, daß die Diminution und die damit Hand in Hand gehende Bildung der kleinen somatischen Chromosomen nicht an eine bestimmte Phase des Kernes geknüpft ist, sondern daß sie in verschiedenen Zuständen des Kerns, ja ich möchte glauben, in jedem eintreten kann. Nur ist sie in den Fällen, wo sie im ruhenden Kern beginnt, nicht sogleich zu erkennen, da hier das Chromatin überhaupt nicht in Gestalt von bestimmten Elementen nachweisbar ist. Bilder, wie das der Fig. 41 (Taf. VI), brachten mich anfangs zu der Annahme, daß auch im Ruhezustand des Kerns eine Abstoßung der Schleifenenden, d. h. des in den Kernfortsätzen enthaltenen Chromatins stattfinden könne. Das ist jedoch nicht der Fall. Auch wenn sich die Differenzierung schon im intakten Kernbläschen vollzieht, wird dadurch an dem Verhalten des Kerns im Ganzen nichts geändert; erst bei der Kernauflösung werden die Schleifenenden isoliert. Merkwürdig nun ist es — und darin liegt die Erklärung für das Bild der Fig. 41 — daß die Diminution an verschiedenen Chromosomen der gleichen Zelle, ja an den beiden Enden eines und desselben Chromosoms zu verschiedenen Zeiten eintreten kann. Als ein Anfangsstadium dieser Art dürfte das der Fig. 34 (Taf. VI) zu betrachten sein, wo auf der einen Seite ein Schleifenende, auf der anderen zwei der Tochterplatte direkt angefügt sind, während die anderen den Zusammenhang verloren haben. Aus dieser Konfiguration gehen Kerne hervor, wie die der Fig. 41; und zwar hatte in diesem Fall offenbar jederseits ein Schleifenende den Zusammenhang mit den somatischen Chromosomen bewahrt, jeder Kern besitzt dementsprechend einen fingerförmigen Fortsatz. Die Reste der abgestoßenen Schleifenenden sind als Körner im Protoplasma der beiden Zellen zerstreut. Daran schließen sich endlich Bilder, wie das der Fig. 42 (Taf. VI), wo in *A* wie in *B* die Platte der somatischen Chromosomen von drei, offenbar erst in diesen Zellen selbst abgestoßenen Schleifenenden umgeben ist, während daneben in jeder Zelle noch ein weit abliegendes kleines Diminutionskorn vorhanden ist: ohne Zweifel der Rest des schon in der Mutterzelle abgestoßenen Endes.

Damit wird die Kluft zwischen den Fällen, wo die Diminution in der Zelle *AB* erfolgt, und jenen, wo sie auf deren Tochterzellen verlegt ist, sehr vermindert. Man wird das Verhältnis so auffassen dürfen daß dann, wenn das Chromatin in der Zelle *AB* noch auf dem Stadium der Aequatorialplatte mit seinem Zerfall fertig wird, die Schleifenenden nicht mehr mit in die Tochterkerne eingehen, daß sie dagegen, wenn dieser Zeitpunkt überschritten ist, den Kernen verbleiben, um erst bei der nächsten Teilung beseitigt zu werden.

———

Mit der Ablösung von dem mittleren Teil des Bandes verlieren die Schleifenenden ihre Chromosom-Qualität; es ist, wie wenn ihnen von dort aus die Lebenskraft zuströme und mit der Unterbrechung des Zusammenhangs erlösche. Man kann diese Thatsache am besten konstatieren, indem man das Verhalten der abgestoßenen Enden auf dem Stadium der Aequatorialplatte ins Auge faßt. Je länger sie in diesem Zeitpunkt schon von den somatischen Chromosomen abgetrennt sind, umsomehr sind sie verändert. Ist die Trennung erst erfolgt, nachem die Schleife schon fertig gebildet war, also zu einer Zeit, wo offenbar die Einleitung zur Längsspaltung schon begonnen hat, so können sich, wie wir gesehen haben (Fig. 34, 36, 37, 39, 40), auch die abgestoßenen Enden noch vollständig spalten. Das andere Extrem zeigen uns die Fälle, wo die Enden schon im Gerüststadium ihren Zusammenhang mit den somatischen Chromosomen verlieren (Fig. 9, *EMSt*). Dann gewinnen sie zwar bei *univalens* in der Regel noch die typische Form eines Schleifenendes, aber die Fähigkeit zur Längsspaltung haben sie vollständig verloren. Zwischenzustände haben wir in Fig. 3 und 4 kennen gelernt. Ganz besonders frappant wird der obige Satz durch jene Fälle illustriert, wo das eine Ende einer Schleife schon in der Zelle *AB*, das andere erst nach seiner Spaltung in den Zellen *A* und *B* von dem somatischen Chromatin getrennt wird. Während das letztere Diminutionsstück auf einem bestimmten Stadium noch die Form und Größe des Schleifenendes besitzt, ist das erstere bereits hochgradig degeneriert (vergl. Fig. 42).

Auch im Verhältnis zu den Sphären spricht sich etwas Aehnliches aus. Wir finden die noch zur Längsspaltung befähigten Diminutionsstücke stets im Aequator der Spindel; auch die nicht mehr zur Spaltung befähigten, aber sonst noch den Charakter der Schleifenenden bewahrenden werden in der Regel in die Aequatorialebene geführt. Von den noch stärker veränderten Diminutionsstücken dagegen, wie sie sich in den Tochterzellen der Ursomazellen finden, nehmen die Sphären keine Notiz mehr.

Das Endschicksal der Diminutionsstücke ist vollständige Auflösung im Protoplasma, ohne daß dessen Beschaffenheit merkbar verändert wird; man kann vielleicht sagen: sie werden im Protoplasma verdaut. Dieser Prozeß verläuft gewöhnlich sehr einfach in der Weise, daß die Schleifenenden oder die Stücke, in welche diese zunächst zerfallen sind, sich mehr und mehr abrunden und, indem sie gleichzeitig an Färbbarkeit abnehmen, immer kleiner werden, bis sie schließlich verschwinden. Bei der Varietät *univalens*, wo die Menge des abgestoßenen Chromatins nicht sehr groß ist, geht diese Resorption der Diminutionsstücke ziemlich rasch von statten, so daß sie meist schon in den Tochterzellen der Ursoma-zellen, jedenfalls in deren Enkelzellen beendigt ist. Bei der Varietät *bivalens* dagegen können noch in den

Urenkelzellen nicht unbeträchtliche Reste vorhanden sein. Neben der beschriebenen Art der Resorption konnte ich mehrmals auch den von HERLA geschilderten Modus beobachten, bei dem die einzelnen Diminutionsbrocken zu größeren vakuolisierten Klumpen zusammenfließen, die durch eine Art von körnigem Zerfall sich in feinste Stäubchen auflösen und so verschwinden.

Wenden wir uns nun zu der Bedeutung der Diminution, so habe ich dieselbe schon durch die ganze Art meiner Darstellung dahin näher bestimmt, daß Teile, die den generativen Zellen erhalten bleiben, in den somatischen zu Grunde gehen, da sie offenbar in diesen nicht gebraucht werden. Immerhin wird es am Platze sein, hier die Frage aufzuwerfen, ob der Vorgang nicht gerade die umgekehrte Bedeutung haben könnte, nämlich die, daß das Protoplasma der Somazellen Teile des Kerns in sich aufnimmt, um dadurch bestimmte Eigenschaften zu erlangen; daß diese Teile durch ihren Uebergang ins Protoplasma gewissermaßen aktiviert werden, während sie in den generativen Zellen in einem latenten Zustand verharren. Der ganze Verlauf spricht jedoch mit aller Entschiedenheit gegen diese Annahme. Vor allem wäre der Zeitpunkt der Diminution der schlechtest gewählte. Denn er fällt kurz vor die Teilung, so daß die Mutterzelle selbst nicht mehr Zeit hat, das erhaltene Chromatin zu verarbeiten, sondern dieser Prozeß erst in den Tochterzellen beginnen kann. Unter diesen Umständen müßte man Einrichtungen erwarten, welche eine gleichmäßige oder wenigstens gesetzmäßige Verteilung der Diminutionsstücke auf die Tochterzellen garantieren. Solche Einrichtungen bestehen, wie oben gezeigt wurde, nicht. Bald werden die abgestoßenen Schleifenenden in so regelmäßiger Weise halbiert und verteilt, wie echte Chromosomen, bald gelangen sie zum größten Teil, ja unter Umständen alle in die eine Tochterzelle. Dazu kommt noch, daß — bei *bivalens* als Regel — auch in den Tochterzellen die Diminutionskörner noch nicht völlig verarbeitet, sondern bei der Teilung dieser Zellen nochmals ganz zufällig in die eine oder die andere Tochterzelle geführt werden. Ja schließlich kommt es bei den letzten Diminutionen (vergl. Fig. 26, Taf. IV und Fig. 30, Taf. V) nicht selten vor, daß das abgestoßene Chromatin zwischen die Zellen zu liegen kommt und also deren Qualität überhaupt nicht beeinflussen kann. Zieht man noch die Variabilität bei der Auflösung der Diminutionsstücke in Betracht, so wird man sagen dürfen: der Prozeß, der mit Rücksicht auf die Kerne mit der größten Gesetzmäßigkeit verläuft, zeigt in Beziehung der Diminutionsstücke zum Protoplasma volle Gesetzlosigkeit. Daraus wird man aber schließen müssen, daß nicht das Protoplasma etwas gewinnen, sondern der Kern sich gewisser Bestandteile entledigen will.

Dies führt mich auf eine Nebenfrage, die ich freilich, obwohl sie der Beobachtung zugänglich wäre, nur aufwerfen, nicht beanworten kann. Ich habe in Uebereinstimmung mit allen Untersuchern der Nematoden-Entwickelung die beiden großkernigen Zellen, die im Embryo zuletzt übrig bleiben, als Urgeschlechtszellen bezeichnet, und es unterliegt ja auch nach dem, was wir über die weitere Entwickelung einzelner Nematoden wissen, keinem Zweifel, daß aus ihnen die Geschlechtsdrüsen hervorgehen. Unbekannt dagegen ist, ob die beiden Zellen nur Sexualzellen oder daneben auch die Wandungen der Genitalröhren liefern. Ist das letztere der Fall, so müßte man wohl erwarten, daß bei dieser weiteren Entwickelung noch neue Diminutionen auftreten, und die beiden Zellen, welche die Anlage der Geschlechtsdrüsen repräsentieren, könnten, streng genommen, auf den Namen „Urgeschlechtszellen" noch keinen Anspruch machen. Ich habe versucht, diese Frage zu beantworten, indem ich einem zum Schlachten bestimmten Pferd 4 Wochen lang ausgebildete Embryonen von *Ascaris megalocephala* auf Brot zu fressen gab. Die Fütterung blieb jedoch erfolglos.

Wenn nun feststeht, daß die Diminution die Bedeutung hat, aus den Kernen der somatischen Zellen Teile, die hier überflüssig sind, zu entfernen, so ist eine weitere höchst wichtige Frage die, ob es in allen Ursomazellen entsprechende Kernteile sind, die abgestoßen werden, oder verschiedenwertige. Im letzeren Fall wäre natürlich auch der dem Kern verbleibende Teil in den einzelnen Ursomazellen verschieden und darin könnte die Ursache liegen für die verschiedenartige Specialisierung, welche die Abkömmlinge dieser Zellen später erleiden. Prüft man diese Frage auf Grund dessen, was man bei den verschiedenen Diminutionen sehen kann, so ergiebt sich, daß bei jeder Diminution die gleichen Teile abgestoßen werden, nämlich immer von jedem Chromosom, bezw. dem ihm entsprechenden Teil des Kerngerüsts, die verdickten Enden. Allein es wäre noch denkbar, daß zwar allen Schleifen die gleiche äußere Form zukommt, daß aber die wesentlichen Bestandteile innerhalb dieser Form sich verschieben könnten und so in den Schleifenenden bei jeder Diminution Teile von anderer Qualität entfernt würden. Hauptsächlich um die Berechtigung einer derartigen Annahme zu untersuchen, habe ich es unternommen, die Entwickelung unseres Wurmes so weit zu verfolgen, daß die Anlagen der hauptsächlichsten Organsysteme auf die einzelnen Ursomazellen zurückgeführt werden können. Denn wenn sich hierbei zeigen ließe, daß aus jeder Ursomazelle nur ganz bestimmt specialisierte Zellen abstammen, so könnte der Annahme, daß jede Ursomazelle bei ihrer Diminution ein specifisches Kernplasma bewahre, wohl eine gewisse Wahrscheinlichkeit zuerkannt werden. Nachdem sich aber herausgestellt hat, daß aus der Ursomazelle II. Ordnung der Entoblast, der Mesoblast und — wenigstens zum Teil — das Stomatodäum hervorgeht, Organe also, welche die denkbar verschiedensten Zellenspecialisierungen aufweisen, halte ich jene Annahme, wie ich früher schon betont habe, für ausgeschlossen. Die Diminution bewirkt nur einen Unterschied zwischen generativen Elementen einerseits und somatischen andererseits, ohne dabei die letzteren unter einander verschieden zu machen.

Freilich ist es nicht ausgeschlossen, daß der verschiedenen Specialisierung der Somazellen auch eine Specialisierung ihres Chromatins entspricht, indem die somatischen Chromosomen selbst sich nach verschiedener Richtung verändern, oder in jeder Zelle bestimmte von ihnen sich rückbilden könnten, und was solcher Möglichkeiten mehr wären. Man könnte zu Gunsten einer derartigen Annahme auf den eigentümlichen Zerfall hinweisen, den der übrig bleibende Teil des generativen Chromosoms in den somatischen Zellen erleidet. Denn es ist ein naheliegender Gedanke, daß die in dem Band vereinigten Teile sich deshalb von einander isolieren, um dadurch befähigt zu werden, jeder seinen eigenen Weg zu gehen. Allein aus der Beobachtung läßt sich für eine solche Differenzierung des Chromatins der Somazellen kein Anhaltspunkt gewinnen; die Verhältnisse sind so minutiös und die Zahl der somatischen Chromosomen so unsicher zu bestimmen, daß wir hier vorläufig Halt machen müssen.

Was soll nun aber den Propagationszellen jene relativ gewaltige Menge von Chromatin, die von allen anderen Zellen aufgegeben wird? Ich weiß darauf keine Antwort. Denn so verständlich man es bei einer Betrachtung des Sachverhaltes im Großen — besonders nach den von WEISMANN entwickelten Anschauungen — finden wird, daß den omnipotenten Generationszellen etwas erhalten bleibt, worauf die somatischen Zellen verzichten können, so wissen wir doch von den Funktionen des Chromatins viel zu wenig, um dieses ganz unbestimmte Ergebnis näher präcisieren zu können. Vermutungen aber aufzustellen, die nicht zur Basis weiterer Untersuchung gemacht werden können, darauf glaube ich hier verzichten zu dürfen.

Nach zwei Richtungen scheint ein Weg zu bestehen, auf dem man vorläufig hoffen kann, dem Problem noch etwas näher zu kommen: 1) durch Veranlassung der Eier zu abnormer Entwickelung, 2) durch Vergleichung mit den ontogenetischen Vorgängen anderer Organismen.

Was den ersten Punkt anlangt, so würde es sich um die Entscheidung der Frage handeln, ob die Bestimmung, welches von zwei Schwesterchromosomen ein generatives bleiben, welches zerfallen wird, schon bei der Entstehung dieser beiden Chromosomen aus ihrem Mutterchromosom rein autonom von diesem getroffen wird, oder ob die Schwesterchromosomen zunächst identisch sind und erst infolge der verschiedenen Bedingungen in den Zellen, in die sie zu liegen kommen, sich nach dieser oder jener Richtung entscheiden. In meinem Aufsatz: „Zur Physiologie der Kern- und Zellteilung" (10) habe ich dargelegt, wie man bei Seeigeln aus den Erscheinungen, die sich an disperm befruchteten Eiern abspielen, Schlüsse in besagter Richtung ziehen kann. Eine ähnliche Möglichkeit dürfte auch an disperm befruchteten Eiern von *Ascaris megalocephala bivalens* bestehen, wie sie sich durch Kältewirkung, wenn auch nicht mit Sicherheit, erzielen lassen. Ist nämlich die Bestimmung über das spätere Schicksal der Chromosomen eine Funktion des Chromatins selbst, so müssen sich schon die Chromosomen des befruchteten Eies in zwei verschiedenwertige Schwesterfäden spalten. Wenn nun in einem disperm befruchteten Ei, in welchem 4 Pole und 6 Chromosomen vorliegen, bei der Anordnung der Chromosomen zu äquatorialen Platten jene Konfiguration eintritt, welche HERLA in dem Ei seiner Fig. 81 (81′) beobachtet hat -- wo in dem durch die 4 Centrosomen dargestellten Viereck in drei Seiten und einer Diagonale Spindeln entwickelt sind — so muß notwendig eine von den 4 Tochterzellen verschiedenwertige Tochterschleifen erhalten, d. h. solche, die die ursprüngliche Konstitution bewahren, und solche, die die Diminution erleiden werden. Würde man also thatsächlich in den Folgezuständen disperm befruchteter Eier einmal in einer Zelle an dem einen Teil der Chromosomen den Diminutionsvorgang konstatieren, während der andere ihn nicht erleidet, so wäre damit der Beweis geliefert, daß die Differenzierung von Anfang an im Chromatin selbst vorgezeichnet war.

Ich habe schon in der Einleitung bemerkt, daß ich mich lange bemüht habe, diese Frage zu lösen, daß es mir aber nicht gelungen ist, die entscheidenden Stadien zu Gesicht zu bekommen. Allerdings halte ich es nach den Erwägungen, die ich a. a. O. (10) angestellt habe, für sehr unwahrscheinlich, daß der eben besprochene Fall eintreten könnte. Denn da bei normaler Entwickelung auch im Falle autonomer Differenzierung der Chromosomen doch besondere außer ihnen gelegene Richtkräfte angenommen werden müssen, welche garantieren, daß alle gleichsinnigen Spalthälften mit dem gleichen Pol verbunden werden, würde man auch bei der Dispermie erwarten müssen, daß von den 4 vorhandenen Polen 2 nur mit der generativen, 2 nur mit der somatischen Seite der Chromosomen in Beziehung treten könnten. Danach wären aber Konfigurationen, wie diejenige in der erwähnten Fig. 81 von HERLA, unmöglich. Und da sie, wie eben diese Beobachtung HERLA's beweist, doch vorkommen, neige ich mich zu der Anschauung, daß die Schwesterchromosomen zunächst identisch sind, und daß es erst später durch Verschiedenheiten im Protoplasma bestimmt wird, ob sie den generativen Charakter beibehalten oder verlieren werden.

Gehe ich nun zum Schluß auf die Frage nach entsprechenden Vorgängen bei anderen Organismen über, so hat sich bisher leider auch in dieser Richtung kaum etwas ermitteln lassen, was mehr Licht in das Problem bringen könnte. Das Einzige, worauf hier bewußt ausgegangen werden könnte, war die Feststellung, wie sich andere Vertreter der Nematoden in Hinsicht auf die Diminution verhalten. Eine Untersuchung hierüber hat auf meine Veranlassung O. MEYER (16) ausgeführt, mit dem Resultat, daß bei 3 weiteren Angehörigen der Gattung *Ascaris* (*A. lumbricoides, labiata* und *rubicunda*) und somit wohl bei allen Arten dieser Gattung die gleichen Vorgänge stattfinden, wie bei *Ascaris megalocephala*, daß dagegen bei den untersuchten Strongyliden (*Str. tetracanthus* und *Str. paradoxus*) nichts davon wahrzunehmen ist. O. MEYER hat zwar die Möglichkeit offen gelassen, daß dieses negative Ergebnis durch die ungünstigen Untersuchungsbedingungen zu erklären sei; allein ich habe mich später sowohl bei den Untersuchungen Spemann's an *Strongylus paradoxus*, wie auch an Schnitten durch Eier dieses Wurms, die ich anfertigen ließ, überzeugt, daß ein Chromosomenzerfall und eine Chromatinabstoßung, wie bei den Ascariden, sicher nicht vorkommt, obgleich die Zellengenealogie, wie Spemann festgestellt hat, mit der von *Ascaris* völlig übereinstimmt. Diese Differenz zwischen so nahe verwandten Organismen ist unter allen Umständen im höchsten Grade bemerkenswert und bietet vielleicht eine Handhabe zu weiterem Vordringen. Einstweilen möchte ich glauben, daß ein Vorgang, der sich bei den *Ascaris*-Arten als ein so streng gesetzmäßiger und auffälliger abspielt, bei einem *Strongylus* kaum vollkommen fehlen wird; vielmehr möchte ich vermuten, daß er hier unter einer anderen Modifikation verborgen ist, wobei an verschiedene Möglichkeiten gedacht werden könnte. Einmal könnte die Somatisierung der Körperzellen auf spätere Stadien verlegt und deshalb bisher der Beobachtung entgangen sein. Sodann wäre es denkbar, daß die Resorption des dem Untergang bestimmten Chromatinbereichs in der Weise abläuft, daß derselbe, ohne sich vorher in Gestalt von Diminutionsstücken abzuspalten, direkt von den Chromosomen weg aufgelöst würde, in welchem Fall der Prozeß natürlich nur äußerst schwer nachweisbar wäre. Sollten aber wirklich die Strongyliden in ihren Somazellen die gleichen Chromosomen bewahren, wie in den Generationszellen, so ließe sich vielleicht zwischen diesen Würmern und den Ascariden in biologischer Beziehung, etwa in der Regenerationsfähigkeit, ein Unterschied auffinden, so daß von hier aus auf die Bedeutung der Diminution ein Licht fallen könnte.

Eine Vergleichung über den Kreis der Nematoden hinaus erscheint vorläufig ganz unthunlich, und wenn Häcker (13) bei *Cyclops*, in ähnlicher Weise wie ich für *Ascaris*, eine durch besondere Eigenschaften ausgezeichnete Stammzellen-Reihe (Keimbahn) nachweisen konnte, so ist dieselbe doch durch so ganz andere Momente charakterisiert und von den Somazellen unterschieden, daß ich nicht wüßte, wie man zwischen den beiderlei Befunden eine Beziehung auffinden könnte.

VI. Abnormitäten.

Die eine Art von Abnormitäten, die ich hier besprechen will, ist eine Folge gewisser Unregelmäßigkeiten bei der Richtungskörperbildung, die ich 1887 (5) eingehend beschrieben und abgebildet habe. Es handelt sich um jene Fälle, wo infolge tangentialer Stellung der ersten Richtungsspindel ein erster Richtungskörper nicht gebildet wird, vielmehr das oder die für ihn bestimmten Doppelstäbchen mit in die zweite Richtungsspindel aufgenommen werden, die also die doppelte Zahl von chromatischen Elementen enthält. Es wird nun der zweite Richtungskörper als einziger gebildet, und sowohl er als das reife Ei enthält dann die doppelte Zahl von mütterlichen Chromosomen, bei *bivalens* 4, bei *univalens* 2. Wie ich dann 1888 (6) dargelegt habe, erscheinen diese überzähligen mütterlichen Chromosomen bei der Furchung wieder; der Eikern von *bivalens*, der bei diesem abnormen Verlauf aus 4 Chromosomen entsteht, läßt bei seiner Auflösung 4 Schleifen aus sich hervorgehen, die erste Furchungsspindel enthält also 6. — Schon 1890 (7, p. 78 ff.) vermochte ich mitzuteilen, daß das Zurückbleiben dieser für die Richtungskörper bestimmten Chromosomen im Ei an der typischen Entwickelung nichts ändert. Ich hatte 2 völlig normale, bereits spiralig gekrümmte Embryonen beobachtet, die durch das Anhängen eines einzigen, aus 4 Chromosomen gebildeten Richtungskörpers bewiesen, daß ihr Eikern 4 Chromosomen anstatt 2 enthalten haben mußte, und ich konnte außerdem ein zu dieser abnormen Entwickelung gehöriges Stadium von 4 Zellen anführen, wo sich zeigte, daß der Diminutionsprozeß der Chromosomen genau in der gleichen Weise wie bei der typischen Chromosomenzahl abläuft.

Schon früher habe ich auf die Bedeutung aufmerksam gemacht, welche derartigen Vorkommnissen nach verschiedener Richtung innewohnt. Sie dienten mir vor allem als Grundlage für die Aufstellung der Hypothese von der Individualität der Chromosomen (2, p. 76). Sodann führten sie mich neben anderen ähnlichen Beobachtungen zu der Aufstellung des Satzes, daß selbst für einen und denselben Organismus die Zahl der Chromosomen bedeutungslos sei (7, p. 61), indem offenbar in einem Chromosoma alle Kernqualitäten enthalten seien und die Vielheit der Chromosomen allem Anschein nach nur durch deren individuelle Verschiedenheiten wirksam sei (7, p. 56). Auch für das Verhältnis zwischen Ei- und Spermakern waren die in Rede stehenden Abnormitäten lehrreich und veranlaßten mich im Zusammenhang mit anderen Erfahrungen schon 1887 zu der Auffassung (4, p. 161), „daß für die Teilung (Entwickelung des befruchteten Eies) zwar wohl Kernsubstanz von bestimmter Qualität notwendig ist, daß es aber ohne Belang ist, ob dieselbe aus einer männlichen oder weiblichen Zelle oder aus beiden stammt, und ob im letzteren Fall die eine oder die andere Art überwiegt. Was bei der Zusammenführung von Eiprotoplasma und Spermacentrosoma in der hierdurch entstandenen teilungsfähigen Zelle an Kernsubstanz vorhanden ist, das erfährt die zur Teilung führende Metamorphose und, falls nur ein Centralkörperchen eingeführt worden ist, die durch die Mechanik der Karyokinese garantierte geregelte Halbierung auf 2 Tochterzellen." — Endlich war durch die beobachteten Abnormitäten der Beweis geliefert, daß die für gewöhnlich in den Richtungskörpern entfernten Chromosomen die gleichen Qualitäten besitzen, wie die normalen Chromosomen des Ei- und Spermakerns, und es war damit für die Auffassung der Richtungskörper als rudimentärer Eizellen bezw. Eimutterzellen die physiologische Grundlage geschaffen.

Inzwischen hat HERLA meine Beobachtungen, soweit sie sich auf die Richtungskörperbildung und auf die Befruchtung beziehen, in jeder Hinsicht bestätigen können; er bezweifelt aber (p. 496), daß Eier mit Chromosomen, die in den Richtungskörpern entfernt sein sollten, sich zu entwickeln vermögen, ja er wagt nicht einmal, diesen in das Ei verschleppten Chromatinstücken den Namen „Chromosomen" beizulegen.

Es scheint mir, daß dieser Zweifel schon gegenüber meinen früheren Angaben kaum berechtigt war; er wird völlig schwinden angesichts der neuen Fälle, die ich seit meiner letzten Mitteilung gefunden habe und von denen ich zwei in Fig. 45 (Taf. VI) und Fig. 29 (Taf. V) abbilde. Beide stammen von der Varietät *univalens*. Fig. 45 zeigt ein Stadium von 6 Zellen, welches ungefähr zwischen den beiden in Fig. 10 und 11 dargestellten in der Mitte steht, in dorsaler Ansicht. Man erblickt die 4 primären Ektoblastzellen in ihrer charakteristischen rhombischen Anordnung, an der Zelle *a* anhängend den einzigen Richtungskörper mit zwei Chromosomen. Der Eikern muß also aus zwei Elementen entstanden sein. Demgemäß zeigt die Stammzelle P_2 in ihrer Aequatorialplatte drei Schleifen anstatt 2, und ganz entsprechend finden sich bei der in der Schwesterzelle *EMSt* stattfindenden Diminution sechs abgeworfene Schleifenenden. Das im Ei verbliebene Richtungskörperchromosom verhält sich sonach in jeder Hinsicht genau wie die beiden normalen Chromosomen des befruchteten Eies. — Der Embryo der Fig. 29 lehrt, daß noch bei der Teilung der Zelle P_5 in die beiden Urgeschlechtszellen das überzählige Chromosom nachweisbar ist, die Teilungsfigur enthält auch hier anstatt 2 drei Chromosomen. In Fig. 29a ist, zum Beweis, daß es sich hier um die gleiche Abnormität bei der Richtungskörperbildung handelt, der einzige Richtungskörper mit 2 Chromosomen zu sehen.

Mit diesen Ergebnissen stimmen aufs beste die Resultate überein, die jüngst zUR STRASSEN in seiner sehr verdienstvollen Arbeit über die Riesenbildung bei *Ascaris*-Eiern (22) bezüglich des Verhaltens des Chromatins mitgeteilt und in den Satz zusammengefaßt hat (p. 673), „daß die Zahl der Chromosomen in gar keiner Beziehung zur Ontogenese steht".

Die Thatsachen, auf welche ZUR STRASSEN diesen Satz gründet, sind im wesentlichen ganz ebenso zu beurteilen, wie die früher von mir beschriebenen. In den Fällen von ZUR STRASSEN handelt es sich um die Verschmelzung zweier typischer Eizellen. Diese fließen zwar schon als Ovocyten I. Ordnung zusammen, aber das Verschmelzungsprodukt hat, indem jeder Komponent seine Richtungskörper in typischer Weise — wenn auch unter Umständen gemeinsam mit dem anderen — bildet, schließlich den Wert zweier vereinigter Eizellen; dasselbe besitzt doppelt so viel Protoplasma und doppelt so viele mütterliche Chromosomen als normal. In meinen Fällen dagegen haben wir es mit der Vereinigung oder richtiger einem Vereinigtbleiben einer funktionierenden und einer rudimentären Eimutterzelle (Ovocyte II. Ordnung) zu thun. Diese bilden dann, wozu die rudimentäre Ovocyte II. Ordnung (d. i. der I. Richtungskörper) wegen ihrer Kleinheit für sich allein nicht befähigt wäre, gemeinsam ihren II. Richtungskörper[1]), so daß auch hier das schließliche Produkt die Wertigkeit zweier vereinigter Eizellen besitzt, freilich nur in Bezug auf das Chromatin, während das Protoplasma kaum vermehrt ist.

Bei dieser Gelegenheit möchte ich eine Vermutung äußern zu der von ZUR STRASSEN (22) festgestellten Thatsache, daß Rieseneier unter Umständen in eine typische Zwillingsfurchung eintreten. Ich teile mit ZUR STRASSEN die Ueberzeugung, daß es sich hier um Rieseneier handelt, die durch zwei Spermatozoën befruchtet worden sind. Des weiteren aber glaube ich annehmen zu dürfen, daß diese doppelt befruchteten Rieseneier dann zu regulären Zwillingsbildungen Veranlassung geben, wenn zwei völlig getrennte erste Furchungsspindeln entstehen, von denen in der Regel jede die Elemente des einen Eikerns und des einen Spermakerns enthalten wird. Nach meinen früheren Erfahrungen (6, Fig. 85 und 86), wonach bei *Ascaris* - im Gegensatz zu *Echinus*[2]) - auch zwischen Centrosomen, die keine Chromosomen zwischen sich haben, eine Durchschnürung des Protoplasmas stattfindet, werden daraus 4 dicht zusammengelagerte Zellen entstehen, von denen je 2 den beiden primären Furchungszellen eines normalen Eies genau entsprechen, so daß nur die enge Zusammenfügung der beiden je zu einer Ganzbildung strebenden Komplexe die Entstehung einer zusammenhängenden Doppelbildung bedingen würde.

Noch eine andere Bemerkung möge hier eine Stelle finden. Die Resultate von ZUR STRASSEN über die Entwickelung verschmolzener Eier halten sich sehr genau in dem Rahmen dessen, was man nach sonstigen Erfahrungen erwarten durfte, mit Ausnahme eines sehr eigentümlichen Punktes. ZUR STRASSEN kommt nämlich zu dem Resultat, daß disperm befruchtete Rieseneier unter gewissen Umständen eine normale zweipolige Spindel bilden und sich dann, wenigstens eine Zeit lang, normal weiter entwickeln. ZUR STRASSEN nimmt an, daß in diesen Fällen je zwei Sphären miteinander verschmolzen seien, und vermutet weiterhin, daß sich in den somatischen Zellen die vereinigten Centren wieder spalten können und dadurch eigentümliche partielle Doppelbildungen zu stande kommen.

Von diesen letzteren Vermutungen möchte ich hier ganz absehen; aber schon die Behauptung, daß es sich in den fraglichen Fällen um Dispermie handeln müsse, scheint mir durchaus nicht sicher nachgewiesen zu sein. Als Beweis für die Dispermie dient, nach den von mir aufgestellten Grundsätzen (6, p. 171 ff.), die Zahl der Chromosomen. ZUR STRASSEN findet in einem doppelwertigen Riesenei von *bivalens*, dessen Richtungskörper normal gebildet worden sind, und das sonach 4 weibliche Elemente enthalten muß, bei der Furchung acht Chromosomen. Da das typische Spermatozoon nur 2 Chromosomen enthält, schließt ZUR STRASSEN hieraus auf disperme Befruchtung. — Dieses Verfahren, so naheliegend es

---

1) Die Richtungsspindel in diesem Fall sieht genau so aus, wie die gemeinsame II. Richtungsspindel in den Rieseneiern, die ich von diesem Stadium in größerer Zahl beobachtet habe.
2) Vergl. BOVERI (10).

ist, scheint mir nicht ganz einwandsfrei zu sein. Dem Gesetz der Zahlenkonstanz der Chromosomen scheint mir als ein völlig gleichwertiges das andere gegenüberzustehen, daß zwei Spermatozoen vier Teilungspole bedingen. Es ist durch direkte Beobachtung weder bei *Ascaris* noch bei einem anderen Objekt ein Fall konstatiert worden, daß durch Verschmelzung der Spermacentrosomen in einem disperm befruchteten Ei eine zweipolige Figur entstehen kann. Ich halte es demnach für ebenso richtig, einen dem Schluß zur STRASSEN's genau entgegengesetzten zu ziehen: das Ei enthält eine zweipolige Furchungsspindel, also muß es monosperm befruchtet sein, also muß, nachdem in der Richtungskörperbildung keine Unregelmäßigkeit vorgekommen ist, das eingedrungene Spermatozoon die doppelte Chromosomenzahl besessen haben. In der That liegt gegen diese Annahme kaum ein Grund vor. Für den Fall von zur STRASSEN's Fig. 29 ist sogar eine Möglichkeit bereits bekannt, wie er durch monosperme Befruchtung entstanden sein kann, nämlich dadurch, daß in das univalente Ei ein Spermatozoon von *bivalens* eingedrungen ist (HERLA, MEYER [16], ZOJA [24]). Aber es ist auch keineswegs unwahrscheinlich, daß innerhalb einer und derselben Varietät gelegentlich Spermatozoën mit doppelter Chromosomenzahl vorkommen, wenn auch über solche Fälle noch nicht berichtet worden ist. Ich darf hier an eine frühere Beobachtung von mir erinnern (5, p. 7), daß ich nämlich einmal in dem Keimbläschen einer typischen Ovocyte von *univalens* anstatt der einen Vierergruppe zwei gefunden habe[1]). Ganz ebenso gut könnte diese Abnormität in einer Spermatocyte vorkommen, sie müßte dann bei regulärem Ablauf der letzten Teilungen zur Bildung von 4 Spermatozoën mit doppelter Chromosomenzahl führen.

Endlich ist noch zu bemerken, daß, wenigstens in den Abbildungen von zur STRASSEN, eine Analyse der ersten Richtungskörper der in Frage stehenden Rieseneier fehlt; es wäre vielleicht möglich, daß eines von diesen Körperchen abnormerweise 2 Chromosomen zu wenig erhalten hätte. Ich habe früher ähnliche Fälle, wenn auch nicht genau so, wie man sie für zur STRASSEN's Embryonen annehmen müßte, nachgewiesen (5, Fig. 53; 6, Fig. 91).

Alles in allem bin ich sonach der Ansicht, daß es vorläufig unzulässig ist, die in Rede stehenden Beobachtungen zur STRASSEN's in einem bestimmten Sinn zu interpretieren und darauf so wichtige Schlüsse zu bauen, wie die Annahme der Vereinigung von Sphären einer ist.

Die zweite Abnormität, über die ich hier berichten möchte, ist in Fig. 44 a und b abgebildet. Es ist ein Stadium, dessen Zellengruppierung etwa der der Fig. 10 entspricht, nur mit dem Unterschied, daß in dem von den 4 primären Ektoblastzellen gebildeten Rhombus nicht, wie normal, die rechte vordere und die linke hintere Zelle sich berühren, sondern die beiden anderen, und daß sonach die Form des Rhombus und die Neigung zwischen dem rechten und linken Zellenpaar sich zur normalen spiegelbildlich verhält (vergl. Fig. 44 a mit Fig, 11 a). Wir haben also hier jene Lagerung der Embryonalzellen vor uns, die zur STRASSEN als inverse beschrieben hat und (p. 97) für alle Stadien der Ontogenese konstatieren konnte, und zwar in dem Verhältnis, daß etwa auf 30—40 reguläre Eier ein inverses kommt. zur STRASSEN's Meinung über das Zustandekommen der inversen Embryonen ist offenbar die, daß sich die Gruppierung auf dem entscheidenden Stadium, wo durch transversale Teilung *A* in *a* und *α*, *B* in *b* und *β* zerfallen, spiegelbildlich zu der normalen vollzieht. Ob er dieses entscheidende Stadium bei inversen Embryonen hat beobachten können, ist nicht gesagt.

---

[1]) Entsprechende Beobachtungen habe ich auch bei Seeigel-Eiern gemacht (7, p. 35).

Fig. 44 lehrt nun, daß die den inversen Embryonen eigentümliche Anfangsstellung jedenfalls in anderer Weise erreicht werden kann. Es gehören nicht je eine rechte und linke, sondern je eine vordere und hintere Ektoblastzelle als Schwesterzellen zusammen, und es kann nach der ganzen Konfiguration kaum ein Zweifel bestehen, daß die rechten Zellen als b und β, die linken als a und α zu betrachten sind. Dann ist aber der Rhombus $a b \alpha \beta$ ganz typisch gebildet, nur gegen die unteren Zellen um etwa 90° um seinen Mittelpunkt gedreht. Und dieses Verhalten dürfte wahrscheinlich auf tetraëdrische Stellung der 4 ersten Furchungszellen zurückzuführen sein, die ich gelegentlich beobachtet habe.

Wie ein solcher Embryo sich weiter entwickeln würde, läßt sich natürlich ohne Verfolgung im Leben nicht angeben; denn schon nach voller Ausbildung der Kerne in den 4 primären Ektoblastzellen würde man nicht mehr sagen können, wie die inverse Anordnung zu stande gekommen ist. Doch ist zu vermuten, daß sich der beschriebene Embryo als Inversbildung weiter entwickelt, ja, ich halte es, bis zum Beweis des Gegenteils, sogar für möglich, daß alle inversen Embryonen auf diese Weise entstehen. Es würde dann insofern noch eine weitere Uebereinstimmung mit der normalen Entwickelung vorhanden sein, als es die gleiche Zelle a wäre, welche die Anlehnung an P_2 gewinnt. Dagegen würden den anderen 3 Zellen ganz verschiedene Schicksale zugeteilt.

Litteraturverzeichnis.

1) Van Beneden et Neyt, Nouvelles recherches sur la fécondation et la division mitosique chez l'Ascaride mégalocéphale. Bull. Acad. Roy. Belg. Série, 4 Tome XIV, 1887.
2) Boveri, Th., Ueber die Befruchtung der Eier von *Ascaris megalocephala*. Sitz.-Ber. d. Ges. f. Morph. und Phys. in München, Bd. III, 1887.
3) Derselbe, Ueber Differenzierung der Zellkerne während der Furchung des Eies von *Ascaris megalocephala*. Anat. Anz., Bd. II, 1887.
4) Derselbe, Ueber den Anteil des Spermatozoon an der Teilung des Eies. Sitz.-Ber. d. Ges. f. Morph. und Phys. in München, Bd. III, 1887.
5) Derselbe, Zellen-Studien, Heft I, Jena 1887.
6) Derselbe, Zellen-Studien, Heft II, Jena 1888.
7) Derselbe, Zellen-Studien, Heft III, Jena 1890.
8) Derselbe, Befruchtung. Ergebnisse der Anatomie und Entwickelungsgeschichte, Bd. I, 1892.
9) Derselbe, Ueber die Entstehung des Gegensatzes zwischen den Geschlechtszellen und den somatischen Zellen bei *Ascaris megalocephala*, nebst Bemerkungen über die Entwickelungsgeschichte der Nematoden. Sitz.-Ber. d. Ges. f. Morph. und Phys. in München, Bd. VIII, 1892.
10) Derselbe, Zur Physiologie der Kern- und Zellteilung. Sitzungsber. d. Phys.-med. Gesellsch. zu Würzburg, Jahrg. 1896, 1897.
11) Dostoiewsky, A., Eine Bemerkung zur Furchung der Eier von *Ascaris megalocephala*. Ant. Anz., Bd. III, 1888.
12) Goette, A., Untersuchungen zur Entwickelungsgeschichte der Würmer. 1. Teil. 1882.
13) Haecker, V., Die Keimbahn von *Cyclops*. Arch. f. mikr. Anat., 1897.
14) Hallez, P., Recherches sur l'embryogénie et sur les conditions du développement de quelques Nématodes. Mém. Soc. Sciences Lille, Série 4, Tome XV.
15) Herla, V., Etude des variations de la mitose chez l'Ascaride mégalocéphale. Arch. de Biol., Tome XIII, 1893.
16) Meyer, O., Celluläre Untersuchungen an Nematoden-Eiern. Jenaische Zeitschr. f. Naturwiss., 1895.
17) Rath, O. vom, Ueber die Konstanz der Chromosomenzahl bei Tieren. Biologisches Centralblatt, Bd. XIV, 1894.

18) Schneider, C. C., Untersuchungen über die Zelle. Arb. a. d. Zool. Inst. Wien, Bd. IX, 1891.
19) Spemann, H., Zur Entwickelung des *Strongylus paradoxus*. Zool. Jahrb., Bd. VIII, 1895.
20) Strassen, O. zur, Entwickelungsmechanische Beobachtungen an *Ascaris*. Verhandlungen d. Deutsch. Zoolog. Gesellsch., 1895.
21) Derselbe, Embryonalentwickelung der *Ascaris megalocephala*. Arch. f. Entw.-Mech., Bd. III, 1896.
22) Derselbe, Ueber die Riesenbildung bei *Ascaris*-Eiern. Arch. f. Entw.-Mech., Bd. VII, 1898.
23) Ziegler, H. E., Untersuchungen über die ersten Entwickelungsvorgänge der Nematoden. Zeitschr. f. wiss. Zool., Bd. LX, 1895.
24) Zoja, R., Sulla indipendenza della cromatina paterna e materna nel nucleo delle cellule embrionali. Anat. Anz., Bd. XI, 1895.
25) Derselbe, Untersuchungen über die Entwickelung der *Ascaris megalocephala*. Arch. f. mikr. Anat., Bd. XLVII, 1896.

Tafel I.

Tafel I.

Hinsichtlich der Farben- und Buchstabenbezeichnung vergl. Kapitel III.

Fig. 1—3. Zweizelliges Stadium. S_1 (AB), gelb, die Ursomazelle I. Ordnung (primärer Ektoblast.

  „   4. Uebergang vom zweizelligen zum vierzelligen Stadium.

  „   5. Vierzelliges Stadium in T-Form. S_2 ($EMSt$) blau, die Ursomazelle II Ordnung (Entoblast, Mesoblast und Stomatoblasten).

  „   6 u. 7. Drehung des Längsbalkens.

  „   8 u. 9. Vierzelliges Stadium nach Erreichung der Rautenform.

  „   10. Stadium von 6 Zellen, in a von rechts, in b von der Dorsalseite.

  „ 11a. Stadium von 7 Zellen, von rechts gesehen. S_3 (C), englischrot, die Ursomazelle III. Ordnung (sekundärer Ektoblast).

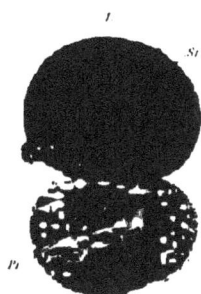

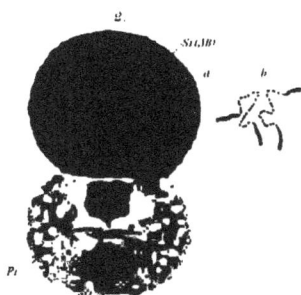

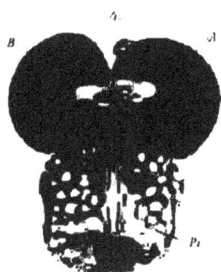

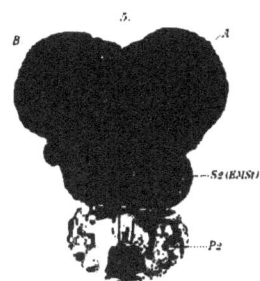

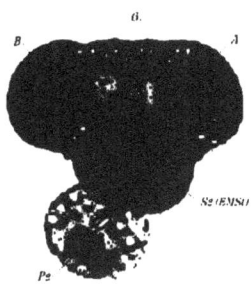

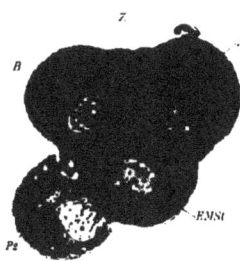

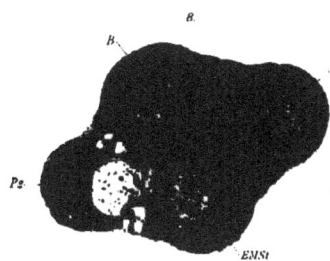

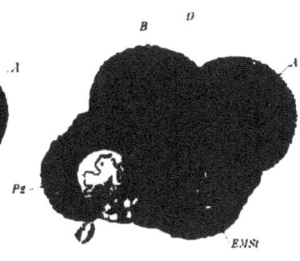

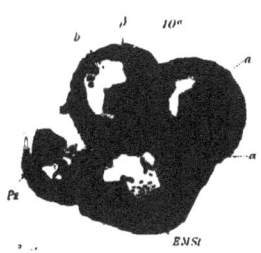

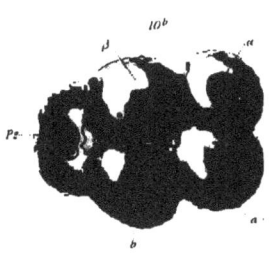

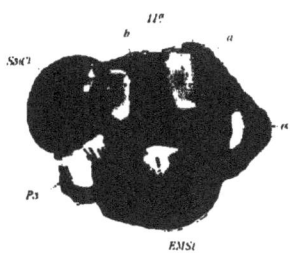

Boveri, Entwicklung von Ascaris megalocephala

Tafel II.

Tafel II.

Hinsichtlich der Farben- und Buchstabenbezeichnung vergl. Kapitel III.

Fig. 11b. Das gleiche Objekt, von der Dorsalseite.

„ 12. Stadium von 8 Zellen, in a von rechts, in b von der Dorsalseite. Scheidung des Entoblastes (E), hellblau, von der Urzelle des Mesoblastes und der Stomatoblasten (MSt), dunkelblau.

„ 13. Stadium von 10 Zellen, in a von rechts, in b von der Dorsalseite.

„ 14. Stadium von 12 Zellen, von der rechten Seite gesehen.

„ 15. Stadium von 14 Zellen, desgl.

„ 16. Stadium von 15 Zellen, in a von rechts, in b von links, in c von der Dorsalseite, in d von der Ventralseite. Zwei hintereinander gelegene Entoblastzellen, davor ein rechter und linker Meso-Stomatoblast.

„ 17. Stadium von 18 Zellen, von rechts gesehen.

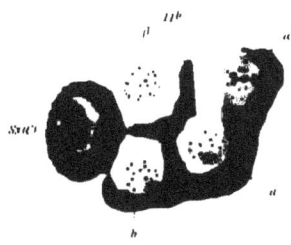

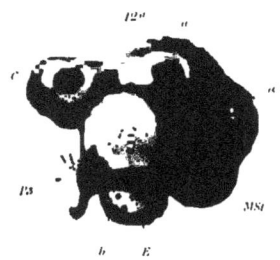

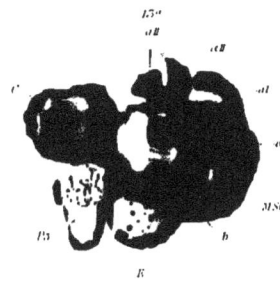

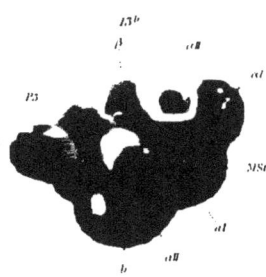

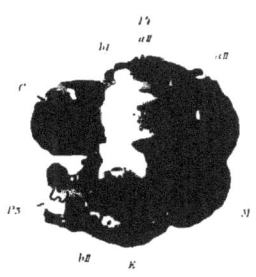

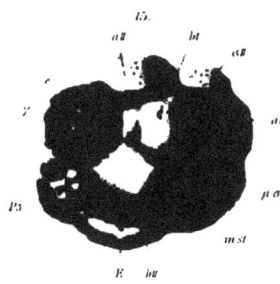

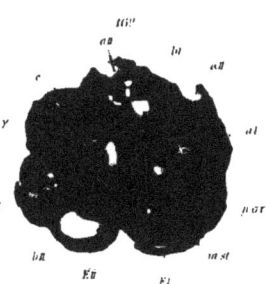

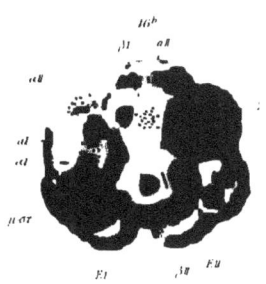

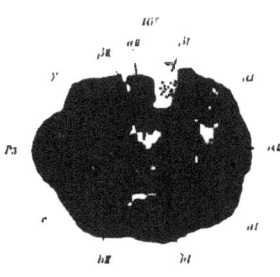

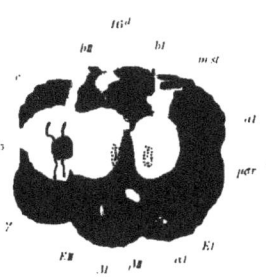

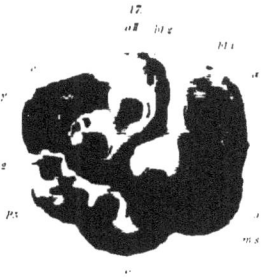

Tafel III.

Tafel III.

Hinsichtlich der Farben- und Buchstabenbezeichnung vergl. Kapitel III.

Fig. 18. Stadium von 24 Zellen. S_4 (*D*), braun, die Ursomazelle IV. Ordnung (tertiärer Ektoblast).

„ 19. Zellenzahl unverändert, in a von rechts, in b von der Ventralseite. Die Meso-Stomatoblasten haben sich getrennt und sind nach hinten verschoben.

„ 20. Ansicht von rechts. Teilung der Zelle *mst* in die rechte Urmesoblastzelle (*m*), rotblau, und in den rechten Stomatoblasten (*st*), grünblau.

„ 21. Etwas späteres Stadium, in a von rechts, in b von der Ventralseite. Vermehrung des Entoblastes von 2 auf 4 Zellen.

„ 22. Embryo, in a von rechts, in b im optischen Medianschnitt, in c von der Ventralseite, in d im optischen Querschnitt dargestellt.

„ 23. Embryo, in a von rechts, in b im optischen Medianschnitt dargestellt. Die Zellen P_4 und *D* beginnen sich von hinten her über den Entoblast zu schieben. Auf jeder Seite 2 Mesoblastzellen und 2 Stomatoblasten gebildet.

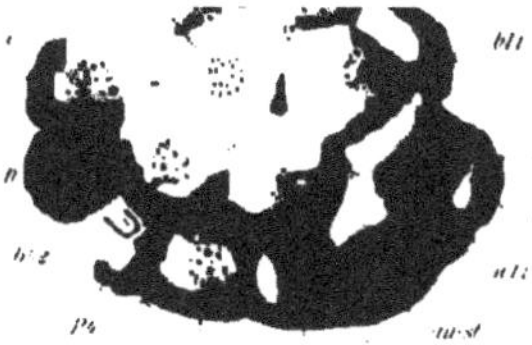

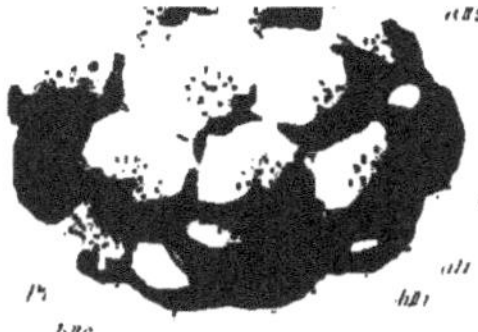

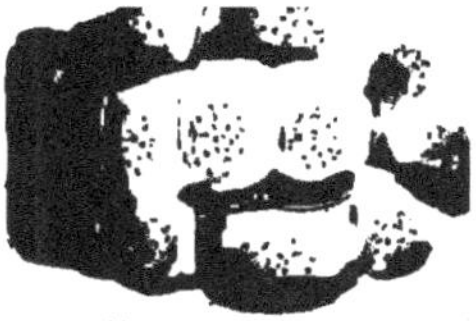

20.

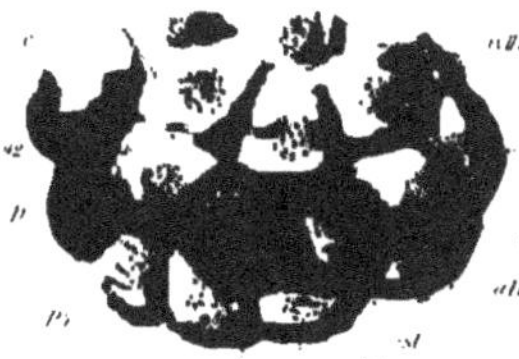

21a

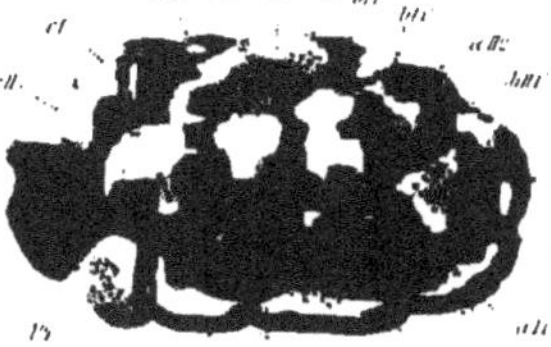

21b

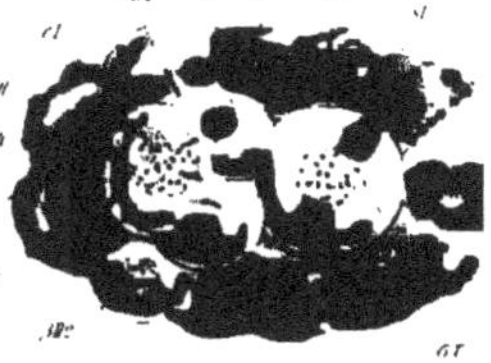

22a

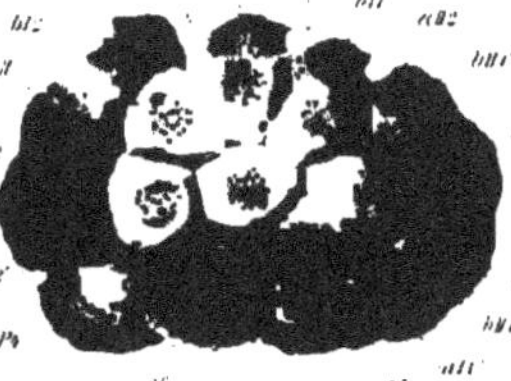

22b

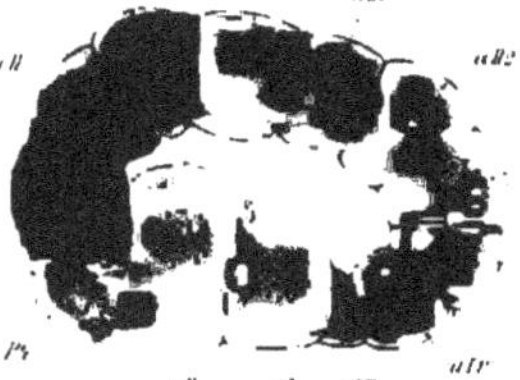

22c

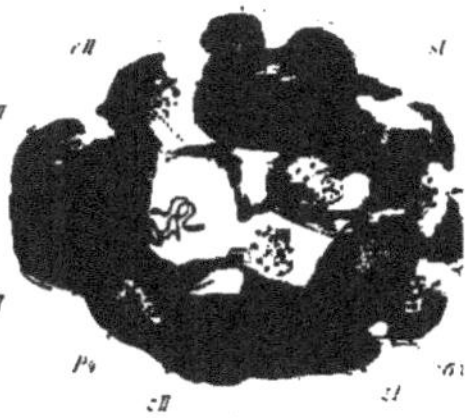

22d

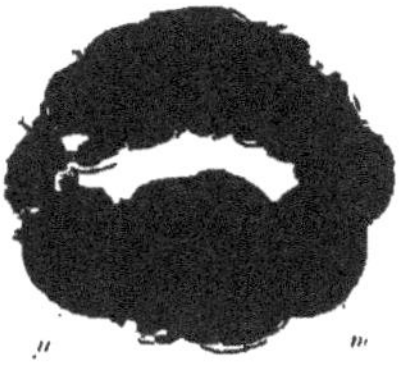

23a

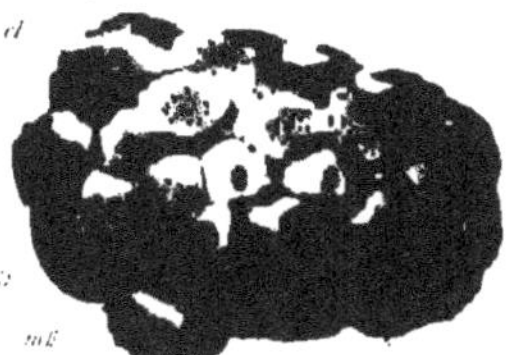

23b

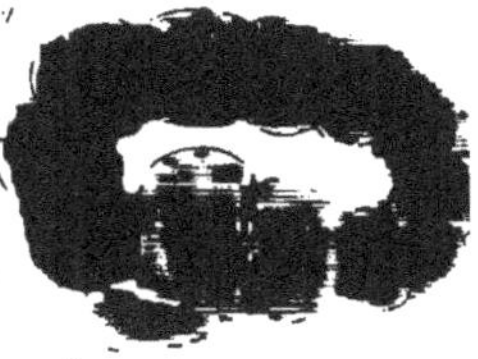

Tafel IV.

Tafel IV.

Hinsichtlich der Farben- und Buchstabenbezeichnung vergl. Kapitel III.

Fig. 23c u. d. Der gleiche Embryo, in c im optischen Querschnitt, in d von der Ventralseite.

„ 24. Aehnliches Stadium, in a im optischen Medianschnitt, in b im optischen Horizontalschnitt. Teilung der 4 Entoblastzellen.

„ 25. Etwas späteres Stadium, in a von der Ventralseite, in b im optischen Querschnitt, in c von hinten. Der Entoblast und Mesoblast beginnen in die Tiefe zu treten.

„ 26. Ventralansicht. Die hinteren Stomatoblasten beginnen den in die Tiefe tretenden Mesoblast zu überlagern. S_k (F), karminrot, die Ursomazelle V. Ordnung (quartärer Ektoblast).

„ 27. Optischer Querschnitt durch ein ähnliches Stadium.

„ 28. Embryo, in a im optischen Horizontalschnitt, in b von der Bauchseite, in c im optischen Querschnitt dargestellt. Jederseits 4 Stomatoblasten.gebildet, in der Tiefe der aus 8 Zellen gebildete Entoblast, flankiert von den beiden vierzelligen Mesoblaststreifen.

Tafel V.

Tafel V.

Hinsichtlich der Farben- und Buchstabenbezeichnung vergl. Kapitel III.

Fig. 29. Embryo, in a von der Bauchseite, in b im optischen Medianschnitt (mit den Konturen der rechten Mesoblastzellen), in c im optischen Querschnitt dargestellt. Die Ursomazelle S_6 (F) geteilt in f und φ. Die Stammzelle P_5 in Teilung begriffen zur Bildung der beiden Urgeschlechtszellen. Abnormerweise 3 Schleifen.

„ 30. Ventralansicht. Die beiden Urgeschlechtszellen (UGI und UGII) soeben gebildet.

„ 31. Embryo kurz vor Schluß des Blastoporus, in a von der Bauchseite, in b im optischen Horizontalschnitt, in c im optischen Medianschnitt, in d im Querschnitt durch die hintere Urgeschlechtszelle, in e im Querschnitt durch das Stomatodäum dargestellt.

„ 32. Optische Schnitte durch einen älteren Embryo, Schnittführung wie in der vorhergehenden Reihe. Verlagerung der Urgeschlechtszellen ins Innere.

„ 33. Optische Schnitte durch einen Embryo, bei dem die ursprünglich langgestreckte Stomatodäumöffnung sich zum Mund (o) verengert hat. Die Urgeschlechtszellen vollständig vom Ektoblast überwachsen. a Medianschnitt, b Querschnitt in der Höhe der Urgeschlechtszellen, c durch den hinteren Bereich des Stomatodäums, d durch den Mund.

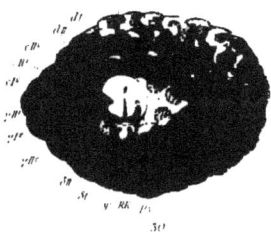

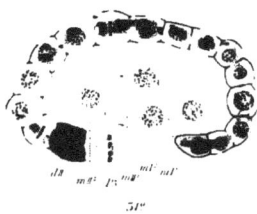

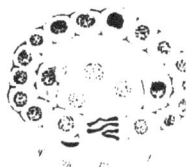

30.

31ᵃ

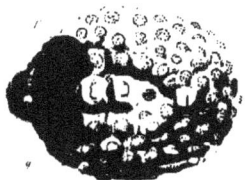

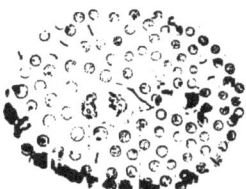

31ᵇ

31ᵈ

31ᶜ

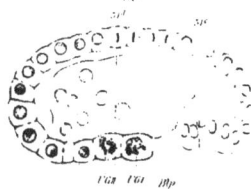

31ᶠ

32ᵃ

32

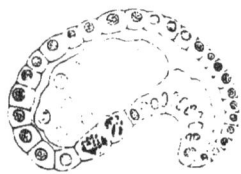

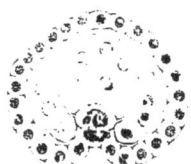

Tafel VI.

Tafel VI.

Fig. 34—42. Variationen des Diminutionsvorganges.

„ 43. Stadium von 7 Zellen, in a von rechts, in b bei dorsaler Ansicht; zeigt die Bewegung der Zelle a gegen S_3 (C).

„ 44. Stadium von 6 Zellen, in a von rechts, in b bei dorsaler Ansicht. Abnorme (inverse) Stellung der 4 primären Ektoblastzellen.

„ 45. Sechszelliges Stadium in dorsaler Ansicht. Nur ein Richtungskörper mit 2 Chromosomen gebildet. Infolgedessen in P_2 3 Schleifen, in $EMSt$ 6 abgeworfene Schleifenenden.

B   *37*   *A*

38.

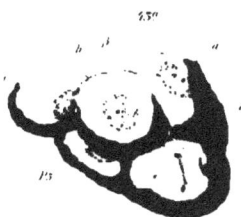

SII

P₂   *E.M.St*

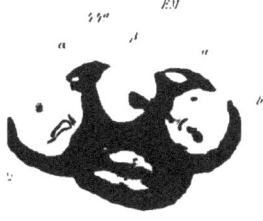

EM